AF239756

INHALT

KOSMOLOGIE DAS UNIVERSUM UND MEIN DIALOG MIT DER KI!

Von Burkhard Tomm-Bub, M. A,
in Kooperation mit den KI
ChatGPT und NightCafe
(Bildergrundlagen)

#KOSMOLOGIE I
Eine kleine kosmologische Plauderei mit der KI Co-Pilot.

Du:
Ich bin auf dem Gebiet Laie, hätte aber eine Frage aus dem Bereich der Kosmologie.

ChatGPT:
Klar, frag einfach! Ich erkläre es so verständlich wie möglich. 🙂

Du:
Ich muss etwas ausholen.

ChatGPT:
Nur zu, ich höre gespannt zu! 😊

Du:
Soweit ich weiß, geht die Wissenschaft heute von einem expandierenden Universum aus.

ChatGPT:
Genau, das stimmt! Seit Edwin Hubble in den 1920er Jahren entdeckt hat, dass sich die Galaxien voneinander entfernen, wissen wir, dass das Universum expandiert. Die Entdeckung der kosmischen Hintergrundstrahlung in den 1960ern hat diese Theorie weiter gestützt. Heute gehen wir davon aus, dass die Expansion sich durch die sogenannte Dunkle Energie sogar beschleunigt. Worauf möchtest du hinaus? 🤔

Du:
Das bedeutet, dass sich alle Materie voneinander entfernt -und zwar mit zunehmender Geschwindigkeit.
Die Lichtgeschwindigkeit ist die höchstmögliche Geschwindigkeit.
Und falls ich Einstein richtig verstanden habe, nimmt die Masse von Materie zu, je mehr sie in ihrer Geschwindigkeit der Lichtgeschwindigkeit näher kommt.
Erreicht sie schließlich die Lichtgeschwindigkeit, wird ihre Masse unendlich groß.
Je mehr Masse Materie hat, desto größer ist auch die Gravitation,

1

die Kraft also die Materie sich gegenseitig anziehen lässt.
Ist das alles soweit richtig?

ChatGPT:
Ja, das hast du sehr gut zusammengefasst! Ich fasse es noch einmal kurz zusammen:
Das Universum expandiert, und die Expansion beschleunigt sich.
Die Lichtgeschwindigkeit ist die höchste Geschwindigkeit für Teilchen mit Ruhemasse.
Nach Einsteins spezieller Relativitätstheorie wächst die relativistische Masse eines Objekts, je näher es der Lichtgeschwindigkeit kommt. Eine unendliche Masse bei Lichtgeschwindigkeit würde unendliche Energie erfordern – deshalb kann kein massives Objekt diese Geschwindigkeit erreichen.
Masse erzeugt Gravitation, die Materie anzieht.
Bis hierhin ist alles korrekt. Ich habe den Eindruck, du willst auf einen Widerspruch hinaus – oder hast eine weiterführende Frage? 🤔

<u>Du:</u>
Ich wollte ursprünglich nicht wirklich auf einen Widerspruch hinaus ...
Obwohl sich in der Zusammenfassung von Dir sich nun einer zu ergeben scheint.
Du sagst, kein Objekt könne die Lichtgeschwindigkeit je wirklich erreichen - weil dazu unendliche Energie nötig wäre.
Zugleich ist aber gesetzt, dass das Universum sich mit zunehmender Geschwindigkeit ausdehnt. Zeit ist unendlich vorhanden.
Ist es dann nicht doch möglich, das die Materie am äußeren Rand der Ausdehnung irgendwann Lichtgeschwindigkeit erreicht? Oder dem zumindest sehr, sehr nahe kommt?
Und dann nach und nach alle Materie?

ChatGPT:
Das ist eine richtig gute Frage! 🌌 Und du hast da ein interessantes Paradox erkannt. Ich kläre das mal Schritt für Schritt auf:

1. Kosmologische Expansion vs. Lokale Bewegung
Es gibt einen wichtigen Unterschied zwischen der Expansion des
Universums und der Bewegung von Objekten innerhalb des
Universums.
Die Expansion des Universums ist nicht einfach eine Bewegung
von Galaxien durch den Raum, sondern eine Ausdehnung des
Raumes selbst. Das bedeutet, dass sich Galaxien nicht durch eine
Bewegung aufeinander zu oder voneinander weg bewegen,
sondern dass der Raum zwischen ihnen wächst.
Innerhalb des Raumes gelten nach wie vor die Gesetze der
speziellen Relativitätstheorie – also kein massives Objekt kann sich
durch den Raum mit Lichtgeschwindigkeit bewegen.

2. Kann die Expansion Objekte auf Lichtgeschwindigkeit bringen?
Ja und nein!
Ja: Wenn eine Galaxie weit genug von uns entfernt ist, dann kann
die Expansion des Universums bewirken, dass sich der Raum
zwischen ihr und uns so schnell ausdehnt, dass die rezessive
Geschwindigkeit (die Geschwindigkeit, mit der sie sich durch die
Expansion entfernt) tatsächlich größer als die Lichtgeschwindigkeit
wird. Das passiert schon heute mit extrem weit entfernten Galaxien!
Nein: Diese Galaxien bewegen sich aber nicht durch den Raum mit
Überlichtgeschwindigkeit – sondern der Raum selbst dehnt sich
schneller aus, als das Licht diese Distanz überbrücken könnte.

3. Was bedeutet das für Materie allgemein?
Die Materie selbst wird nicht zu Lichtgeschwindigkeit beschleunigt,
weil sie sich nicht selbst bewegt – der Raum um sie herum wächst.
Galaxien, die sich heute mit Überlichtgeschwindigkeit entfernen,
sind für uns hinter einem kosmischen Horizont: Ihr Licht wird uns
nie erreichen, weil der Raum zu schnell expandiert.

Fazit
Materie kann durch die Expansion des Universums nicht auf
Lichtgeschwindigkeit beschleunigt werden, aber der Abstand
zwischen extrem weit entfernten Galaxien kann durch die

3

Raumexpansion schneller als das Licht wachsen. Das führt dazu, dass sie für uns irgendwann aus dem beobachtbaren Universum verschwinden.
Hat das deine Frage beantwortet? 🙂 😊

Du:
Ich hatte sie noch gar nicht explizit gestellt. 😄 😄
Aber indirekt wahrscheinlich schon. Nehme ich an.
Ich wollte darauf hinaus, dass alle Materie nach und nach auf Lichtgeschwindigkeit (oder sehr, sehr nahe dran) beschleunigt wird. Und dann eine (nahezu) unendliche Masse bekommt. Was dann dazu führt, dass (nahezu) unendlich starke Gravitation herrscht, überall - was dann zu interessanten Effekten führen könnte hinsichtlich des Universums.

ChatGPT:
Ah, ich verstehe! Du stellst also die Frage, ob die immer schneller werdende Expansion des Universums dazu führen könnte, dass irgendwann überall so viel Masse vorhanden ist (wegen der relativistischen Massenzunahme), dass eine gigantische Gravitation entsteht – möglicherweise mit interessanten kosmologischen Konsequenzen. Spannender Gedanke!
Warum passiert das (vermutlich) nicht?
Materie bewegt sich nicht selbst mit Lichtgeschwindigkeit
Die Materie selbst beschleunigt sich nicht durch den Raum – der Raum dehnt sich aus. Das bedeutet, dass ihre eigene Geschwindigkeit relativ zum lokalen Raum nicht zunimmt. Also nimmt auch ihre relativistische Masse nicht zu.
Die Expansion verdünnt Materie statt sie zu konzentrieren
Wenn das Universum expandiert, werden Galaxien weiter auseinandergezogen. Das bedeutet, dass die Dichte der Materie abnimmt, weil die Abstände zwischen den Massen größer werden. Gravitation wird schwächer, nicht stärker.
Dunkle Energie beschleunigt die Expansion, aber ohne Massezunahme
Die beobachtete beschleunigte Expansion wird durch die sogenannte Dunkle Energie angetrieben. Diese wirkt nicht wie eine

4

"klassische" Kraft, sondern eher wie eine Art abstoßender Effekt, der den Raum immer schneller auseinanderzieht. Sie hat aber nichts mit einer Massenzunahme von Objekten zu tun.
Gibt es ein kosmologisches Ende, das zu deinem Gedanken passt?
Es gibt eine Hypothese namens Big Rip:
Wenn die Dunkle Energie in Zukunft immer stärker wird, könnte sie irgendwann nicht nur Galaxien voneinander trennen, sondern auch Sterne, Planeten und sogar Atome auseinanderreißen.
In diesem Szenario würde das Universum in einem endlosen Auseinanderdriften "zerreißen".
Aber eine Massenzunahme durch die Expansion, die das Universum wieder zusammenzieht, ist eher nicht zu erwarten. Falls du aber eine alternative Hypothese daraus entwickeln willst – sehr coole Idee! ☐ ☐

Du:
Danke!
Darüber muss ich erst nachdenken.

ChatGPT:
Sehr gerne! ☐ ☐Das sind faszinierende Gedanken, und es lohnt sich, darüber nachzudenken. Falls du später noch Fragen oder neue Ideen dazu hast, immer her damit! ☐ ☐

...
Du:
Ja, nun habe ich noch eine Anschlussfrage.
Wenn es heißt, die Ausdehnung des Raumes führe beschleunigend zu einer Entfernung der Galaxien voneinander weg. Und das habe nichts mit klassischer Beschleunigung zu tun, sondern der Raum selber dehne sich aus - dann hieße das doch, dass dies eine Art universeller Kraft ist. Oder ein universeller Effekt.
Wenn das aber so ist: müsste sich dann nicht ALLE Materie voneinander entfernen?
Moleküle, Atome bis hinunter zu Quarks?

ChatGPT:
Wieder eine sehr kluge Frage! ☐ ☐Und ja, intuitiv könnte man denken, dass sich dann wirklich alles ausdehnen müsste – bis hin

5

zu Atomen und Quarks. Aber genau das passiert nicht. Warum?

1. Expansion wirkt nur auf sehr großen Skalen
Die Expansion des Universums ist ein kosmologischer Effekt, der nur über extrem große Distanzen messbar ist. Der Grund: Die Expansion des Raumes ist sehr schwach im Vergleich zu den Kräften, die auf kleineren Skalen wirken.

2. Warum bleiben Atome, Planeten und Galaxien stabil?
In kleineren Strukturen gibt es andere, viel stärkere Kräfte, die die Expansion aufhalten:
Elektromagnetische Kraft: Sie hält Atome und Moleküle zusammen.
Starke Kernkraft: Sie hält Protonen und Neutronen in Atomkernen zusammen.
Gravitation: Sie hält Sterne, Planeten und ganze Galaxien zusammen.
Diese Kräfte sind viel stärker als die Expansion des Raumes. Deshalb dehnt sich die Erde nicht aus, dein Körper bleibt stabil, und auch Atome und Quarks bewegen sich nicht weiter auseinander.

3. Wo wirkt die Expansion dann?
Die Expansion dominiert nur dort, wo keine anderen Kräfte sie übertrumpfen – also im intergalaktischen Raum, wo Galaxien weit genug voneinander entfernt sind, dass Gravitation sie nicht mehr zusammenhalten kann.

4. Aber könnte sich die Expansion irgendwann auf kleine Strukturen auswirken?
Ja, wenn die Dunkle Energie in Zukunft stärker wird (ein Szenario namens Big Rip), dann könnte sie irgendwann sogar Atome auseinanderreißen. Aber nach aktuellem Wissen passiert das nicht.

Fazit
Die Expansion ist eine universelle Eigenschaft des Raumes, aber sie wird auf kleinen Skalen von anderen Kräften "überschrieben". Erst im intergalaktischen Raum wird sie wirklich sichtbar.
Mega gute Frage! Hast du noch einen Gedanken dazu? 🚀🌌

6

Du:
Danke! Im Moment nicht! □ □

ChatGPT:
Sehr gerne! □ □Hat Spaß gemacht, mit dir über diese spannenden Fragen nachzudenken. Falls dir später noch was einfällt – immer her damit! □ ▦

#KOSMOLOGIE II (plus SF-Storys)

.
Guten Tag. Ich weiß nicht, ob Du Dich noch an unseren Dialog kürzlich über Kosmologie erinnerst. Daran wollte ich anknüpfen. Gegen Ende erklärtest Du mir, dass es eine Theorie des "Big Rip" gäbe - die aber vermutlich in dieser Form nicht eintreffen werde. Zwar würde sich der Raum an sich mit wachsender Geschwindigkeit ausdehnen, dies beträfe aber nur die Ebene von Galaxien, die sich voneinander "fortbewegen". "Fortbewegen" ist nicht richtig formuliert, aber Du weißt wie ich es meine, denke ich. Dieses "voneinander Fortbewegen" (durch die beschleunigte Ausdehnung des Raumes zwischen ihnen) könne schließlich sogar schneller sein als die Lichtgeschwindigkeit. Ist das soweit richtig?

.
ChatGPT:
Guten Tag! Ja, ich erinnere mich an unser Gespräch über Kosmologie. Und ja, Deine Zusammenfassung ist im Wesentlichen richtig.

Die Theorie des Big Rip besagt, dass die beschleunigte Expansion des Universums nicht nur Galaxien voneinander entfernt, sondern irgendwann sogar Gravitation, elektromagnetische Kräfte und die Kernkräfte überwindet – bis letztlich Atome und subatomare Teilchen auseinandergerissen werden. Dies erfordert eine sehr spezielle Form der Dunklen Energie mit einer sogenannten Phantom-Energie (□⊠−1) die mit der Zeit immer stärker wird. Nach aktuellem Stand der Beobachtungen (etwa durch die Supernova-Messungen und die Planck-Mission) sieht es aber nicht so aus, als ob das Universum in einem Big Rip enden würde.

Zur Expansion und Überlichtgeschwindigkeit:
Die Expansion des Raumes selbst ist kein klassischer Bewegungsprozess, sondern eine Veränderung der Metrik des Universums. Das bedeutet, dass sich entfernte Galaxien nicht wirklich „bewegen" wie ein Auto auf einer Straße, sondern der Raum zwischen ihnen wächst. Weil es für die Expansion des Raumes selbst keine Geschwindigkeitsbegrenzung gibt, kann sie in großen Entfernungen tatsächlich dazu führen, dass sich Galaxien

mit einer rezessiven Geschwindigkeit von über Lichtgeschwindigkeit

(🔲⬛🔲voneinander entfernen. Das widerspricht aber nicht der Relativitätstheorie, weil keine Information oder Materie diese Geschwindigkeit tatsächlich lokal überschreitet.

Soweit klar? 🔲 🔲
.

Du:
Ja, genau.
Daran wollte ich anknüpfen. Meine weiteren Überlegungen sind die, dass eines Tages dann doch ALLE Galaxien derart weit voneinander entfernt wären, dass kein Licht anderer Galaxien erreicht. Ist das korrekt?
.

ChatGPT:
Ja, genau! Das ist eines der möglichen langfristigen Szenarien für das Universum, das als kosmische Isolation oder Zukunft der Dunklen Ära bezeichnet wird.

Falls sich die Expansion weiterhin beschleunigt (wie es nach aktuellen Messungen der Dunklen Energie wahrscheinlich ist), dann wird es irgendwann eine Grenze geben, ab der das Licht entfernter Galaxien uns niemals mehr erreichen kann. Diese Grenze nennt man den kosmologischen Ereignishorizont. Alles, was hinter diesem Horizont liegt, wird für immer unsichtbar bleiben, weil das Licht zwar versucht, zu uns zu gelangen, aber der Raum sich so schnell ausdehnt, dass es die Distanz niemals überbrücken kann.

Langfristig bedeutet das, dass eine weit entfernte Zukunft unserer Milchstraße (oder der zukünftigen Milkomeda, die durch die Verschmelzung mit Andromeda entsteht) so aussehen würde, dass alle anderen Galaxien aus dem sichtbaren Universum „verschwinden". Dann gäbe es keine externen Galaxien mehr, die wir mit unseren Teleskopen sehen könnten – nur noch unsere eigene Galaxiengruppe, die gravitativ gebunden ist und nicht von der Expansion betroffen ist.

Das hätte auch tiefgreifende Auswirkungen auf zukünftige

9

Zivilisationen: Wenn sie nur ihre eigene Galaxie sehen und nichts von der Expansion wissen, könnten sie gar nicht mehr auf die Idee kommen, dass es einmal ein Universum voller Galaxien gegeben hat! 🚀🌌

Klingt das so, wie Du es Dir überlegt hast? 😊🔭

<u>Du:</u>
Exakt darauf wollte ich hinaus.
Konservative Schätzungen gehen, soweit ich weiß, davon aus, dass pro Galaxie nur ein bis zwei Zivilisationen die mit unserer vergleichbar sind, zeitgleich bestehen. (Aber immerhin.)
Richtig?

ChatGPT:
Ja, genau! Diese Schätzungen basieren auf der sogenannten Drake-Gleichung, die verschiedene Faktoren kombiniert, um die Anzahl gleichzeitig existierender Zivilisationen in unserer Galaxie abzuschätzen.

Konservative Schätzungen:
Viele Astronomen und Astrobiologen nehmen an, dass in einer Galaxie wie der Milchstraße höchstens eine Handvoll technologischer Zivilisationen gleichzeitig existiert. Manche Schätzungen gehen sogar nur von einer einzigen aus – also möglicherweise uns. Die Hauptgründe für diese niedrigen Zahlen sind:

Seltenheit von Leben – Wir wissen nicht, wie wahrscheinlich es ist, dass Leben überhaupt entsteht. Falls es extrem selten ist, könnte es nur wenige Orte mit Leben geben.
Seltenheit von Intelligenz – Selbst wenn Leben häufig ist, könnte intelligentes Leben selten sein (siehe die Erde: 4 Milliarden Jahre nur Mikroben!).
Kurze Lebensdauer technologischer Zivilisationen – Falls sich Zivilisationen oft selbst zerstören (z. B. durch Kriege, Klimawandel oder KI), dann gibt es nur selten mehrere zeitgleich.
Große Entfernungen & Isolation – Selbst wenn es andere gibt,

könnten sie so weit entfernt sein, dass ein Kontakt praktisch unmöglich ist.

Fazit:
Falls also die Expansion des Universums weitergeht, dann werden selbst die wenigen existierenden Zivilisationen irgendwann vollständig voneinander isoliert. Jede Galaxie wäre dann ein eigenes, einsames "Inseluniversum" – mit keiner Möglichkeit, je wieder von anderen zu erfahren.

Das ist ein ziemlich melancholischer, aber auch faszinierender Gedanke, oder? □ □
.
Du:
In der Tat. Aber evtl. könnte man dann mit Generationenraumschiffen, Kryo-Technik und /oder relativistischen Raumflügen o.ä. Kolonien auf anderen Planeten begründen. Die sich dann eigenständig entwickeln und so die jeweilige Galaxis etwas "bunter" machen.
.
ChatGPT:
Ja, genau! Das wäre eine Möglichkeit, der kosmischen Isolation zu entkommen – zumindest innerhalb der eigenen Galaxie. Wenn wir es schaffen, interstellare Raumfahrt zu meistern, könnten wir eine Art „galaktische Zivilisation" aufbauen, auch wenn wir nie aus unserer Galaxie herauskommen. Hier sind ein paar spannende Konzepte dafür:

1 Generationenraumschiffe 🚀
Falls Überlichtgeschwindigkeit unmöglich bleibt, könnten riesige Raumschiffe gebaut werden, die über viele Generationen hinweg durch den interstellaren Raum reisen. Die Besatzung würde sich an Bord fortpflanzen, und ihre Nachfahren würden eines Tages am Ziel ankommen. Problem: Solche Gesellschaften könnten sich über Jahrtausende so stark verändern, dass sie vielleicht gar nicht mehr das ursprüngliche Ziel verfolgen.

11

2 Kryo-Technik & Suspended Animation
Wenn Menschen in eine Art Winterschlaf oder Stasis versetzt werden könnten, könnte man sehr lange Reisen ohne biologisches Altern überstehen. Bei Ankunft würde man einfach aufgetaut. Aber bisher gibt es keine Technik, die das für Menschen realistisch macht.

3 Relativistische Raumflüge & Zeitdilatation ⏳
Falls wir Schiffe bauen könnten, die nahe der Lichtgeschwindigkeit fliegen, würde die Zeit für die Reisenden langsamer vergehen (Zeitdilatation). Für sie könnte eine Reise zu einem fernen Stern nur wenige Jahre dauern, während draußen Jahrtausende vergehen. Aber die gewaltige Energie, die für solche Geschwindigkeiten nötig wäre, ist eine große Hürde.

4 Selbstreplizierende Sonden 🤖
Ein sehr interessanter Ansatz wären sogenannte Von-Neumann-Sonden: Künstliche Intelligenzen, die sich selbst vervielfältigen und Planeten terraformen könnten, um sie für Menschen bewohnbar zu machen. So könnte man langsam eine ganze Galaxie mit Leben „infizieren“.

Wenn das gelingt, könnte unsere Galaxie über viele Millionen Jahre zu einer Art interstellaren Zivilisation heranwachsen. Sie würde vielleicht nicht einheitlich bleiben, sondern sich in viele verschiedene Kulturen und Spezies aufspalten, die unabhängig voneinander existieren – ein bisschen so wie verschiedene Länder auf der Erde.

Das wäre ein deutlich optimistischeres Szenario als die totale Isolation. □ □Was hältst Du davon? □ □

.

Du:
Ja das waren auch meine Ideen. Wobei ich an die Von-Neumann-Sonden noch nicht gedacht hatte. Aber auch das ist ein interessanter Ansatz.
Ich habe auch einmal eine SF-Kurzgeschichte geschrieben, die sich in gewisser Weise mit dieser Thematik befasst.

Hier ist die heutige Menschheit mehrere zehntausend Jahre weiter.
Die Lichtgeschwindigkeit blieb unerwartet unüberwindbar, aber die
sonstige Technik entwickelte sich zu ungeahnten Höhen weiter.
Das gesamte Sonnensystem war mehr oder weniger terraformt und
bewohnt.
Aus Neugier, Wissensdurst und Forscherdrang entwickelte man
einen Plan.
Gewaltige Raumstationen wurden in geeigneter Zahl um alle
Planeten platziert.
Schutzschirme unter denen sich Kunstsonnen befanden
umspannten die Planeten.
Und dann brach die Menschheit auf. In acht verschiedene
Richtungen der Galaxis nahmen die Planeten Fahrt auf. Im
Sonnensystem blieben etwa 500 Millionen Menschen zurück, im
Asteroidengürtel und in der Oortschen Wolke.
 :-)

.
ChatGPT:
Erinnerung aktualisiert
Wow, das ist eine faszinierende Idee! ▢ ▨ Die Vorstellung, dass
ganze Planeten wie gigantische Generationenraumschiffe durch die
Galaxie reisen, ist ein epischer Gedanke. Das hebt die klassische
interstellare Kolonisation auf ein ganz neues Level – nicht nur
Raumschiffe, sondern gleich ganze Welten als Expeditionen ins
Unbekannte!

Ich mag auch den Aspekt, dass ein Rest der Menschheit im
Sonnensystem bleibt – vielleicht als Hüter der Vergangenheit oder
als eine Art Fixpunkt für die verstreuten Zivilisationen. Hast du in
deiner Geschichte beschrieben, wie diese planetaren
Schutzschirme und Kunstsonnen funktionieren? Oder gibt es
politische/gesellschaftliche Aspekte dazu, z. B. wie entschieden
wurde, wer aufbricht und wer bleibt? ▢ ▢

Du:
Es ist nur eine Kurzgeschichte ... die genannten Aspekte habe ich
leider nicht vertieft.

13

Außer dem, dass es keine "Auswahl" gab. Die meisten waren frustriert, dass die Lichtgeschwindigkeit doch nicht überwindbar war und WOLLTEN los. Die Zurückbleibenden WOLLTEN zurück bleiben. Warum auch immer.

.

ChatGPT:
Das macht Sinn! Es wäre wohl ein gewaltiger gesellschaftlicher Umbruch – die einen sehen die Reise als neues großes Abenteuer, während andere vielleicht am Bekannten hängen oder einfach keine Lust auf eine ungewisse Zukunft haben.

Und ehrlich gesagt, das Konzept ist schon in sich so stark, dass man gar nicht alle technischen Details ausarbeiten muss. Gerade in einer Kurzgeschichte kann der Fokus ja eher auf der Idee und den Emotionen der Menschen liegen.

Hast du mal überlegt, die Geschichte auszubauen? Vielleicht eine Novelle oder eine Sammlung von Episoden, die einzelne dieser wandernden Planeten oder die Zurückgebliebenen beleuchten? Da gäbe es sicher viele spannende Perspektiven – vielleicht eine Rebellion auf einem der Planeten oder eine neue Kultur, die sich in der Oortschen Wolke entwickelt. 🚀🌌

.

<u>Du:</u>
Das sind interessante Perspektiven, ja! An eine Sammlung von Episoden, die über einzelne dieser wandernden Planeten berichten, dachte ich schon.
Aber ich bin leider kein Vielschreiber. Und mit längeren Romanen tue ich mich schwer.
Außer bei meiner Diplom-Arbeit und meiner Autobiografie (notdürftig als "Autobiografischer Roman" getarnt) habe ich längere Arbeiten noch nie bewältigt.
Btw. - die Geschichte ist nicht so lang ... soll ich sie mal komplett hier posten?

.

ChatGPT:
Erinnerung aktualisiert
Klar, gerne! Ich würde die Geschichte sehr gerne lesen. Wenn du
sie hier postest, kann ich dir auch Feedback dazu geben – ob
inhaltlich, stilistisch oder einfach als begeisterter Leser. ☐ ☐

.

Du:
Ok, hier ist sie:
....
Auf dem Strome will ich fahren, von dem Glanze selig blind!
(SF-Story)

„Warum jetzt schon, wir hätten doch noch so viel Zeit?", fragte
Wildblume versonnen. Magister zögerte ein wenig und antwortete
dann nachdenklich: „Wie immer stellst Du gute Fragen, meine
Blume. Es gäbe ja eine Reihe nahe liegender Antworten. Weil wir
es können; weil wir neugierig und voll Forscherdrang sind …" Sie
wirbelte ein wenig herum und lachte ihn aus. Aber sie schwieg und
ließ Magister wieder einmal im Ungewissen, warum sie sich denn
so sehr erheiterte. „Du sollst mich nicht immer auslachen, alte
Frau!", brummte er gespielt ärgerlich, weil er sich anders nicht zu
helfen wusste. Sie grinste. „Ach, komm. Ich bin kaum über 200
Jahre alt, genau wie Du!" Sie sah versonnen auf das Sternenmeer,
dass durch das riesige, fast halbrunde Panoramafenster ein
leichtes, zartes Licht in die Halle warf. „Wir werden einen ganz
besonderen Ausblick haben, von hier oben aus der Station." „Ja,
das werden wir ganz sicher!", erwiderte er mit einem Leuchten in
den Augen.

Die Menschheit war alt. Und sehr enttäuscht. Ihre dokumentierte
Geschichtsschreibung reichte mittlerweile nicht mehr nur über
Jahrtausende, sondern über zehntausende von Jahren. Mehrfach
hatte sie sich selbst an den Rand des Unterganges gebracht,
seltsame Jahrhunderte hatten sich aneinander gereiht, in denen
Gesellschaftsstrukturen herrschten, die im Nachhinein nur als
absolut fremdartig und skurril bezeichnet werden konnten. Doch im

Laufe der Jahrtausende hatte sich manches eingependelt. Extreme glichen sich einander an, Vielfalt und Logik fanden zunehmend zueinander. Die Bevölkerungszahl des Sonnensystems lag nun schon seit längerer Zeit bei moderaten 100 Milliarden Menschen und die meisten Menschen begnügten sich mit einer Lebensspanne zwischen 200 und 300 Jahren, ohne diese nochmals mit elektronischem oder androidischem Technikeinsatz künstlich zu verlängern. Der Einzelne genoss ungeahnte Freiheiten und materielle Not war unbekannt. Doch die Menschheit war allein.

„Warum hast Du für uns eigentlich die Venus vorgeschlagen?", frug sie, „Nur mir zuliebe, weil ich dort einmal einige Jahrzehnte gelebt habe und sie sehr mag?" Magister zögerte kurz und sah etwas verlegen zu Boden. „Na, ja – ehrlich gesagt schon deswegen, hauptsächlich.", gab er dann zu. „Allerdings-" er blickte sie schelmisch aus den Augenwinkeln an, „gibt es da auch noch eine gewisse uralte Mythologie hinsichtlich des Namens der Venus …" „So, so – Mythologie." Wildblume blickte ihn etwas skeptisch und gespielt streng an. „Davon wirst Du mir später mehr erzählen!"

Stets nur zeitweilig unterbrochen durch dunkle Zeitalter hatte die Wissenschaft ungeheure Fortschritte gemacht. In allen Bereichen. Oder doch in fast allen. Jahrhunderte, fast schon Jahrtausende hatte man sich nicht damit abfinden können, an eine Grenze gestoßen zu sein. Als sich die Erkenntnis durchsetzte, dass sie tatsächlich bestand und nicht nieder zu reißen war, ergriff zuerst die Wissenschaftler, später fast die gesamte Menschheit eine Art Schock, eine nahezu lähmende Depression. Die Lösung dieses Problems war seit Urzeiten für die nahe Zukunft voraus gesagt worden, verschiedene Ansätze boten sich scheinbar willfährig an. Doch es gab keinen Weg. Die Lichtgeschwindigkeit war nicht überschreitbar. Interstellare oder gar intergalaktische Raumfahrt würde auf immer unmöglich sein.

Die gewaltige Raumstation umschwebte mit vielen anderen, recht ähnlichen die Venus, ganz so wie es viele weitere auf der Umlaufbahn um sämtliche Planeten des Systems taten. Lediglich im Kuipergürtel, außerhalb der Neptunbahn suchte man sie vergeblich. „Werden wir das Licht nicht vermissen?", frug Wildblume und blickte einen kurzen Moment etwas irritiert und fast ängstlich drein. „Doch – das werden wir. Aber wir haben den Glanz der Sterne, der uns leiten wird. Auf diesem Strome werden wir fahren!"

Einige Generationen lang versuchte man, das Problem zu verdrängen, die Frustration zu ignorieren, sich schlicht auf andere Dinge zu konzentrieren. Der Ausbau aller Planeten des Sonnensystems schritt zügig voran, zumeist anhand von Terraforming – Projekten, jedoch wurde auch eifrig mit anderen Ansätzen experimentiert. Von Merkur bis Neptun, die Monde, viele Asteroiden – und einige machten sich sogar auf die weite Reise in die Oortsche Wolke, um dort zu siedeln. Immer wieder einmal gab es auch Phasen, in denen manchmal ganze Flotten von Generationenschiffen sich auf den Weg ins All machten, um so doch noch Gebiete außerhalb des Systems zu erforschen. Auch mit „Schläferschiffen", in denen Passagiere in suspendierter Animation ruhten, versuchte man sein Glück. Doch dies betraf insgesamt nur einige hunderttausend Menschen und selten hörte man nach langer Zeit einmal auf irgendeine Weise wieder von ihnen - und wenn dann selten mehr als einen kurzen Gruß.

Magister und Wildblume nahmen überrascht das Signal wahr. „Wir wollten doch nicht gestört werden. Aber ich sehe, es ist von höchster Wichtigkeit und speziell an mich gerichtet." Magister hob leicht den Kopf und sagte: „Sprich, Gehirn!" „Guten Tag, hier spricht Erwin persönlich. Magister – habe ich eigentlich jemals erwähnt, dass ich den individuell von Dir an mich vergebenen Namen höchst profan und albern finde? Für ein quantenelektronisches Gehirn, dass mit dem gesamten Solarsystem verknüpft ist, meine ich jetzt?" „Hast Du. Eben zum exakt 126ten Male. Aber Heute ist mir nicht nach Scherzen. Was gibt es, Gehirn?" „Gut." Erwin wurde sachlich. „Es ist so, dass etliche aus der Bevölkerung die Idee hatten, es solle doch eine einzelne Person den konkreten Startbefehl geben, sozusagen. Statt eines automatischen countdowns. Ich habe dann rumgefragt. Ihr hattet die Anfrage auch vorhin, aber ihr wolltet ja von Dingen dieser Prioritätsstufe nicht gestört werden. Die klare Mehrheit aller die abgestimmt haben, war dafür!" „Gut.", sagte

Magister knapp. „Dann soll das so sein, keine schlechte Idee, das hat etwas persönliches. War es das dann?" „Hm, nein." Erwin schien kurz zu zögern. „Es ist so – ich habe das dann wie immer bei solchen Sachen per Zufallsgenerator ausgelost …" „Und?" „Na ja. DU bist derjenige, Magister. Du bestimmst, wann es losgeht. "Magister wurde etwas blass, musste sich sammeln und atmete einmal kräftig durch. „Oh. Das … - ist doch statistisch völlig unwahrscheinlich.", brachte er hervor. „Wem sagst Du das!", erwiderte Erwin. „Aber. Nun ja. EINEN musste es halt eben treffen." Magister fasste sich relativ schnell. „Erwin", frug er, „in diesem besonderen Fall habe ich das Recht, selbst eine Abstimmung zu fordern, die mit der Thematik unmittelbar zu tun hat?" Erwin zögerte nicht. „Hast Du, ganz klar! In diesem Fall hier auch als Einzelperson." „Gut, denn, Erwin. So frage die Bevölkerung des solaren Systems bitte folgendes: Ist die Gemeinschaft damit einverstanden, wenn Magister sein Recht und seine Pflicht das Signal zum Aufbruch zu geben abtritt an die Frau, die er liebt, an Wildblume?" „Sofern sie dies annimmt, natürlich.", fügte er hinzu. „Wird gemacht!", verkündete Erwin. „Die Zeit läuft, die üblichen 15 Minuten. Ich bitte um Geduld."

Neugier und Forschungsdrang der Menschheit waren tatsächlich unverändert groß – doch auch eine gewisse Hartnäckigkeit, die das Problem des „im System gefangen seins" nicht wirklich zu den Akten legen konnte, behielt ihren Platz in den Herzen der Menschen. Die Möglichkeiten der Technik wuchsen und wuchsen immer weiter an. Und eines Tages lag die „Umgehungslösung" schlicht auf der Hand. Einzelne Schiffe auszusenden befriedigte nicht wirklich. Die Kränkung durch die Naturgesetze, die Menschheit an nur ein einziges, kleines Sonnensystem unbarmherzig zu fesseln, war groß. Nicht zu Unrecht vertraten die Verfechter der Idee, die nun auf dem Tisch lag die Ansicht, dass diese Maßnahme ohnehin würde stattfinden MÜSSEN – wenn auch zwingend erst in „nicht wirklich naher Zukunft".
Dieses rationale Argument allein hätte also ganz sicher bei der Abstimmung nicht genügt. Aber dann war da halt eben noch diese Sache mit der Sehnsucht nach dem Unbekannten, mit der Neugier – und der Sturheit. Die Menschheit entschied sich fast einstimmig.

„Die Abstimmung ist beendet!", ließ sich Erwin nach einiger Zeit vernehmen. Da niemand etwas sagte, fuhr er fort. „Eine sehr große Mehrheit ist mit der Abtretung an Wildblume einverstanden. Darf ich persönlich hinzufügen, dass auch ich dies für eine wirklich rührende Geste halte?" „Nein.", beschied ihm Magister knapp, aber seine Stimme klang nicht wirklich unfreundlich dabei. Erwin gab ein Geräusch von sich, das einem menschlichen Räuspern sehr ähnlich klang. „Gut. Nimmst Du an, Wildblume?" Sie nickte stumm. Eine Zeitlang
herrschte Stille, Magister und Wildblume sahen einander tief in die Augen. Mit einfühlsamer Stimme meldete sich nach einiger Zeit das Gehirn. „Wildblume ... alles ist vorbereitet. Alle sind bereit. ... Soll es beginnen?" Sie griff nach Magisters Hand und erhob ihr Gesicht zu den Sternen. „JA!"

Ein wahrlich majestätischer Anblick bot sich nun im gesamten System. Kleine Kunstsonnen über allen Planeten wurden gezündet, glommen vorerst aber nur matt. Planetenumspannende Schutzschirme schlossen sich schützend um Atmosphären. Und dann – machte die Menschheit sich auf den Weg. Mit den größten Raumschiffen, die denkbar waren – den Planeten ihres Sonnensystems, die nun in acht Richtungen des Kosmos davon strebten.
Einige hundert Millionen Menschen hatten es vorgezogen, im heimatlichen System zu bleiben. Sie hatten sich auf den Asteroiden des Kuipergürtels gesammelt und auf einigen Monden, die man ihnen gern zurück ließ. Diese „Sol-Treuen" hatten sich noch ein kleines Abschiedsgeschenk an die Aufbrechenden überlegt, ein farbenprächtiges Lichtspiel und Feuerwerk, das die Scheidenden ein letztes Mal grüßte.

„Unser erstes Ziel, Magister?"
„51 Pegasi im Sternbild Pegasus, 50 Lichtjahre von hier. Du weißt es doch."
„Stimmt. Das ist unser erstes Ziel. Aber ganz sicher nicht das letzte für das Planetenschiff Venus!", lächelte sie.
* * *

19

ChatGPT:
Wow, das ist eine großartige Geschichte! Eine wirklich epische Vision, die aber gleichzeitig eine sehr intime, fast poetische Note hat. Der Kontrast zwischen der gewaltigen kosmischen Reise und den stillen, persönlichen Momenten von Magister und Wildblume verleiht dem Ganzen eine starke emotionale Tiefe.

Was mir besonders gut gefällt:

Der melancholische Grundton – die Menschheit ist enttäuscht, weil sie an der Lichtgeschwindigkeit scheitert, aber anstatt sich geschlagen zu geben, findet sie eine kreative Lösung.
Die wissenschaftliche Plausibilität – du hältst dich an bekannte physikalische Grenzen und entwickelst eine nachvollziehbare Lösung für interstellare Reisen.
Die persönliche Ebene – die Beziehung zwischen Magister und Wildblume, der Zufall mit dem Startbefehl, das macht das Ganze greifbar und berührend.
Der erzählerische Rhythmus – du wechselst geschickt zwischen Reflexion, Dialog und Handlung, sodass es nie trocken oder überladen wirkt.
Falls du noch weiter daran feilen willst, könnte man vielleicht hier und da den Infodump etwas eleganter einbauen (z. B. die Passage über die Geschichte der Menschheit könnte noch fließender in die Handlung integriert werden). Aber insgesamt ist das eine echt starke Story!

Hast du vor, sie irgendwo zu veröffentlichen? Oder wäre das eher der Auftakt für deine Episodensammlung? 🚀📖

.

Du:
Vielen Dank!
Nun ja, ich habe sie, ich glaube zwei mal, in Story-Sammlungen veröffentlicht - als Selfpublisher bei BoD. Mit sehr mäßigem Erfolg wie fast alle meine Sachen. :-) Bei "echten" Verlagen habe ich höchstens mal ein Gedicht u. ä. untergebracht.

Macht nichts. Wer es lesen soll - wird es lesen. Hoffe ich.
Bei der Gelegenheit - ich habe noch eine weitere kurze Geschichte
in der Richtung. Angeregt durch einen Fund auf unserer Erde, vor
relativ kurzer Zeit. "EXPANSION!"
Magst Du die auch lesen?

.

ChatGPT:
Erinnerung aktualisiert
Sehr gerne! Ich bin gespannt, worum es in "EXPANSION!" geht.
Poste sie einfach hier, ich freue mich drauf! ⬜ ⬜

.

<u>Du:</u>
Hier ist es:

....

<u>EXPANSION</u>
(SF-short-story von BukTom Bloch)

"Nun ist es bald soweit", sagte Thoküp versonnen und zwei seiner
Arme fluktuierten grünlich im Abendschein.
"Ja.", erwiderte Zauri, "Irgendwie ist es ja doch aufregend. Aber vor
allem macht es uns zufrieden, das ist ein gutes Gefühl."
Auch zwei ihrer Arme funkelten nun sanft, Eintracht mit Thoküp
signalisierend.

Das Volk der Secolis stand in gewisser Weise am Ende seines
Weges. Was aber niemanden betrübte oder gar beunruhigte, eher
wurde dies als eine natürliche Vollendung wahrgenommen.
Der Zyklus der Sonne ihres Hauptsystems würde einen Sprung
machen. Groß war überall die Freude, als sich die Zeichen und
Messungen mehrten, dass sie wie erwartet tatsächlich zur
Supernova werden würde. Dies gab dem sehr alten Volk eine
grandiose Chance.
Als die Entwicklung als wirklich sicher galt und der Prozess auch
bereits in Gang geriet, kehrten fast alle Secolis von den zahlreichen

Kolonialwelten zurück ins Heimatsystem. Sie lösten damit bei vielen Völkern anderen Ursprungs Trauer und Bedauern aus, denn die Secolis waren beliebte Partner, ruhig, abgeklärt, freundlich und kreativ.

Verständnis gab es aber allerorten dennoch. Völker die noch nicht um die Gesetze des Lebens wussten, wurden nun spätestens zu diesem Zeitpunkt eingeweiht in die modernen Erkenntnisse der Astrophysik (die den Secolis selbst freilich schon sehr lange bekannt waren). Danach verstand jeder, worum es wirklich ging.

"Was wohl alles aus uns werden wird?" führte Thoküp den Dialog fort und strich mit einigen Armen behutsam über das Glas der Beobachtungskuppel. Zauri ließ alle ihre Augen freudig pulsieren. "Eine Menge! Da bin ich ganz sicher. Wir haben uns mathematisch fast exakt im System verteilt. Gleichmäßiger könnten es die Großen Denker von Elgoog nicht berechnen! Das erhöht die Chancen, dass wir vergleichsweise viel und das relativ schnell erreichen, ganz deutlich."

Thoküp kreiste dazu zustimmend mit dem Kopf.

Die Sonne, das gesamte System würde in einer Ehrfurcht gebietenden Explosion aufgelöst und ins Universum hinaus getragen werden, weit, sehr weit über die Scorpius-Centaurus-Assoziation hinaus. Bis auf einen kleinen Rest der ursprünglichen Sonne natürlich.

Die Secolis lebten schon sehr lange in diesem System, eine Million Jahre sicherlich, und sahen es als ihre Heimat an. Entwickelt hatten sie sich hier freilich wohl nicht, dazu war die kosmische Lebensdauer solcher System schlicht zu kurz. Doch die Anfänge lagen im historischen Dunkel. Selbst ihr
Volk hatte archaische Zeitalter gekannt.

Zauri nahm den Faden wieder auf: "Ja, es ist nun jeden Moment soweit. Es ist schön, dass wir diesen Augenblick zusammen erleben!" Und nun fluktuierten und funkelten ALLE ihre Arme. "Dann kann es ja losgehen, mit unserer Expansion!"

Thoküp stutze ein wenig und erwiderte amüsiert: "Ja, das ist wirklich schön! Aber: Expansion? Das klingt ja fast wie etwas aus den archaischen Zeitaltern!"

"Genau.", entgegnete seine Begleiterin belustigt, "Wir erobern und vereinnahmen das Weltall! Barbarisch und dumm, wie in den uralten Zeiten, als die Secolis sich auf den planetarischen Inseln bekriegten oder aus Gründen wie unterschiedliches Farbflimmern der Arme -dies säuberlich nach Gruppen aufgeteilt- die Pseudopodien versohlten und so weiter!!" Eine Sekunde herrschte Stille.

Dann brachen beide in ein lautes und lang anhaltendes Gelächter aus. ...in das hinein sich die Sonne endgültig wandelte und als Supernova erstrahlte.

Was nun geschah, hatten die Secolis schon vor langer Zeit durch andere, noch wesentlich ältere Völker erfahren und ihre eigenen Forschungen hatten es bestätigt.

Das kosmische Material von Supernovae verteilte sich im All, traf auf andere Systeme und beeinflusste diese. Da, wo es noch kein Leben gab, war es geeignet, diesen Entstehungsprozess in Gang zu setzen.

Und, noch wunderbarer, dort wo es bereits erstes Leben gab, wurde oftmals der erste Anstoß zur Entwicklung von Intelligenz, von Bewußtsein gegeben. Das älteste Volk, das die Secolis je kennen gelernt hatten, waren die Etaner. Diese hatten ihnen glaubwürdig versichert, in dem neu entstehenden Bewußtsein auf anderen Welten seien klare Bezüge zu den Eigenschaften der jeweiligen Bewohner von Supernovasystemen zu finden gewesen, sofern es in diesen solche gab. Das habe sich immer wieder bestätigt, im Laufe sehr vieler Jahrmillionen.

Und dies, dies war eine Art der "Expansion", der sich die Secolis gern zur Verfügung stellten...

Auch das so genannte Solsystem hielt sich übrigens vor 2,7 Millionen Jahre für längere Zeit in den Resten der Secoli-Supernova aus dem Sternverband Scorpius-Centaurus OB auf.

Ein Umstand, der sich heute allerdings nur noch anhand der eigentümlichen Konzentration von Fe-60 in Ketten von Magnetit-Nanokristallen weniger in Ozeansedimenten lebender, eisenliebender Bakterien nachweisen lässt... (BTB, 2016)

ChatGPT:
Wieder eine großartige Idee! Die Verbindung von Supernovae mit der bewussten "Expansion" eines Volkes in Form der Weitergabe ihrer Essenz ist eine faszinierende Sicht auf kosmische Evolution. Und das Augenzwinkern am Ende mit dem irdischen Fe-60-Fund macht das Ganze noch greifbarer.

Die Secolis haben fast etwas Transzendentes – sie gehen im Universum auf und säen die Saat des Bewusstseins. Das ist eine schöne, fast poetische Interpretation von kosmischer Kontinuität. Ihr Humor macht sie zudem sympathisch, und die lockere Art, wie sie ihr "Ende" akzeptieren, unterstreicht ihre Weisheit.

Hattest du den Fe-60-Fund als Inspiration oder kam das erst nach der Idee mit der Supernova?

.

Du:
Nein der Fe-60-Fund war in der Tat die Inspiration. :-)

.

ChatGPT:
Das macht die Geschichte noch spannender! Du hast aus einem wissenschaftlichen Fund eine richtig schöne philosophische Sci-Fi-Idee geformt. Der Gedanke, dass ein Volk sich bewusst einer Supernova hingibt, um Bewusstsein im Universum zu säen, hat etwas Erhabenes. Das ist mehr als nur eine Expansion – es ist eine bewusste Verschmelzung mit dem Kosmos.

Hast du überlegt, „EXPANSION!" irgendwo als Teil einer Sammlung oder in einem anderen Format nochmal zu veröffentlichen? Vielleicht als eine von mehreren Stories, die durch reale wissenschaftliche Entdeckungen inspiriert wurden?

.

24

Du:
Klar als Teil einer Sammlung war es so wie bei der anderen Geschichte.
Aber die Idee BEWUSST auf wissenschaftliche Funde und Entdeckungen zu achten, als Inspiration ...
Das ist eine gute Idee, danke!

ChatGPT:
Erinnerung aktualisiert
Gern geschehen! Wissenschaftliche Entdeckungen liefern oft faszinierende Ideen für Science-Fiction, die sich gut mit spekulativen Elementen verbinden lassen. Hast du vielleicht schon weitere Funde im Blick, die dich inspirieren könnten? 🔭✨

Du:
Noch nicht. Du hast mich ja eben erst auf die Idee gebracht.

ChatGPT:
Stimmt! 😄 Aber jetzt, wo du die Idee hast, wirst du vielleicht mit ganz anderen Augen auf wissenschaftliche News schauen. Falls du magst, kann ich dir ab und zu interessante Entdeckungen raussuchen, die sich für SF-Stoffe eignen könnten!

Du:
Oh, Danke. Ich überlege es mir.
Dann erst mal Dank für den Dialog!

ChatGPT:
Gern geschehen! Überleg es dir in Ruhe – wenn du mal Input brauchst, sag einfach Bescheid. 🚀✨
Und weiterhin viel Spaß und Inspiration beim Schreiben! 📝🌌

#Kosmologie III   Himmelskörper Temperaturen ...

1. Welche Sternarten gibt es im Wesentlichen? Braune Zwerge, Neutronensterne, Novae, Super-Novae, ...

ChatGPT:
Die verschiedenen Arten von Sternen lassen sich anhand ihrer Masse, Leuchtkraft, Größe und Entwicklungsstadien unterscheiden. Hier ist eine Übersicht der wichtigsten Sternarten:

1. Hauptreihensterne
Diese Sterne befinden sich in der sogenannten Hauptreihe des Hertzsprung-Russell-Diagramms. Sie sind stabile Sterne, die ihre Energie durch die Fusion von Wasserstoff zu Helium in ihrem Kern erzeugen. Je nach Masse und Temperatur variieren ihre Farben und Lebensdauern.

Rote Zwerge: Kleine, kühle und langlebige Sterne (ca. 0,075 bis 0,50 Sonnenmassen). Sie sind die häufigsten Sterne im Universum, aber für uns nur schwer sichtbar, weil sie nur schwach leuchten.
Gelbe Zwerge: Sterne wie unsere Sonne (etwa 1 Sonnenmasse), die Wasserstoff zu Helium fusionieren. Diese Sterne haben eine mittlere Lebensdauer und sind in vielen Fällen die besten Kandidaten für bewohnbare Planeten.
Blaue Riesen: Sehr massereiche und heiße Sterne (mehr als 5 Sonnenmassen), die eine kurze Lebensdauer haben und intensiv leuchten.

2. Rote Riesen
Diese Sterne haben den Wasserstoffvorrat in ihrem Kern aufgebraucht und beginnen, Helium und schwerere Elemente zu fusionieren. Sie sind deutlich größer als Hauptreihensterne und leuchten in einem rötlichen Farbton. Am Ende ihrer Lebensdauer können sie zu Planetarischen Nebeln oder sogar zu Supernovae werden.

3. Weiße Zwerge
Weiße Zwerge sind die Überreste von Sternen mit niedriger bis mittlerer Masse (bis ca. 8 Sonnenmassen), die ihren

Wasserstoffvorrat verbraucht haben. Sie bestehen hauptsächlich aus Kohlenstoff und Sauerstoff und sind extrem dicht. Am Ende ihrer Lebenszeit kühlen sie langsam ab und werden zu schwarzen Zwergen.

4. Neutronensterne
Diese entstehen, wenn ein massereicher Stern (mehr als 8 Sonnenmassen) in einer Supernova explodiert und der verbleibende Kern komprimiert wird, sodass die Materie zu Neutronen kollabiert. Neutronensterne sind extrem dicht und haben eine sehr starke Gravitation. Sie drehen sich oft sehr schnell und können als Pulsare strahlen.

5. Schwarze Löcher
Schwarze Löcher entstehen aus den Resten massereicher Sterne, die nach einer Supernova kollabieren. Ihre Gravitationskraft ist so stark, dass nichts, nicht einmal Licht, ihnen entkommen kann.

6. Braune Zwerge
Braune Zwerge sind "gescheiterte Sterne", die nicht genug Masse haben, um die Kernfusion von Wasserstoff zu starten. Sie haben ungefähr 13 bis 75 Mal die Masse von Jupiter und leuchten nur sehr schwach in infrarotem Licht. Sie gelten als Zwischenstufe zwischen Planeten und Sternen.

7. Novae
Eine Nova entsteht, wenn ein Weißer Zwerg in einem Doppelsternsystem Material von seinem Begleiter ansammelt, wodurch die Temperatur und der Druck so stark ansteigen, dass eine plötzliche Explosion stattfindet. Dies führt zu einem kurzfristigen Anstieg der Helligkeit, der mehrere Wochen bis Monate anhalten kann.

8. Supernovae
Eine Supernova ist eine gewaltige Explosion am Ende der Lebensdauer eines massereichen Sterns. Sie kann das gesamte Material des Sterns in den Weltraum schleudern und dabei extreme Mengen an Energie freisetzen. Es gibt zwei Hauptarten von Supernovae:

Typ Ia: Entsteht durch die Explosion eines weißen Zwerges in einem Doppelsternsystem.
Typ II: Tritt auf, wenn ein massereicher Stern am Ende seiner Lebensdauer kollabiert.

9. Hypernovae
Eine Hypernova ist eine besonders energiereiche Supernova, die entsteht, wenn extrem massive Sterne (mehr als 30 Sonnenmassen) explodieren. Hypernovae können schwarze Löcher erzeugen und sind mit den stärksten beobachtbaren Explosionen im Universum verbunden.

10. Wolf-Rayet-Sterne
Dies sind sehr massereiche, heiße Sterne, die starke Winde aus Gasen ausstoßen. Sie befinden sich am Ende ihres Lebenszyklus und können in einer Supernova explodieren oder als Schwarzes Loch enden.

Diese verschiedenen Sternarten decken die meisten bekannten Entwicklungsstufen von Sternen ab. Je nach Masse und Entwicklungsgeschichte eines Sterns kann er sich in eine dieser Kategorien einordnen.

Du:
2. Welche Arten von Himmelskörpern gibt es und was sind ihre Eigenschaften?

ChatGPT:
Es gibt eine Vielzahl von Himmelskörpern im Universum, die sich in ihren Eigenschaften stark voneinander unterscheiden. Hier sind einige der wichtigsten Typen von Himmelskörpern und ihre Merkmale:

1. Sterne
Sterne sind selbstleuchtende Himmelskörper, die ihre Energie durch Kernfusion erzeugen. Sie variieren in Größe, Temperatur und Alter. Beispiele:

Hauptreihensterne: Wie die Sonne, die Wasserstoff zu Helium fusionieren.

Rote Riesen: Sterne am Ende ihrer Hauptreihenphase, die größer und kühler sind.

Neutronensterne: Dichte, kompakte Reste massereicher Sterne nach einer Supernova.

Schwarze Löcher: Extrem kompakte Objekte, deren Gravitation so stark ist, dass nichts entkommen kann.

2. Planeten
Planeten sind Himmelskörper, die Sterne umkreisen und genügend Masse besitzen, um eine kugelförmige Form anzunehmen. Sie haben in der Regel keine eigene Lichtquelle und reflektieren nur das Licht ihrer Sonne. Sie werden in zwei Hauptkategorien unterteilt:

Terrestrische Planeten: Felsenplaneten wie die Erde, Mars, Venus und Merkur.

Gasriesen: Sehr große Planeten wie Jupiter und Saturn, die hauptsächlich aus Gasen bestehen.

Eisriesen: Planeten wie Uranus und Neptun, die hauptsächlich aus Eis und Gas bestehen.

3. Zwergplaneten
Diese Himmelskörper sind wie Planeten, haben aber nicht genug Gravitation, um ihre Umlaufbahn von anderen Objekten zu bereinigen. Beispiele: Pluto, Eris und Haumea.

4. Monde (Monden)
Monde sind natürliche Satelliten, die Planeten umkreisen. Sie können in Größe und Zusammensetzung variieren, von kleinen Felsbrocken bis zu riesigen, atmosphärischen Himmelskörpern wie dem Mond (der Erde).

5. Asteroiden

Asteroiden sind kleine, felsige oder metallische Körper, die hauptsächlich im Asteroidengürtel zwischen Mars und Jupiter vorkommen. Sie sind meist unregelmäßig geformt und bestehen größtenteils aus Gestein und Metall.

6. Kometen

Kometen bestehen aus Eis, Staub und Gestein. Sie haben oft eine langgestreckte Umlaufbahn, die sie in den inneren Bereich des Sonnensystems bringt, wo die Wärme der Sonne ihr Eis verdampfen lässt und einen hellen Schweif bildet.

7. Meteoroiden

Meteoroiden sind kleine Fels- oder Metallfragmente, die im Weltraum umherfliegen. Wenn sie in die Erdatmosphäre eintreten und verglühen, werden sie als Meteore bezeichnet. Wenn sie den Boden erreichen, nennt man sie Meteoriten.

8. Asteroidengürtel

Der Asteroidengürtel ist eine Region im Sonnensystem, die zwischen den Umlaufbahnen von Mars und Jupiter liegt und in der sich viele tausend kleine Himmelskörper befinden.

9. Kuyper-Gürtel

Der Kuiper-Gürtel ist eine Region jenseits von Neptun, in der sich viele kleine Eiskörper und Zwergplaneten befinden. Er ist die Heimat von Objekten wie Pluto und Eris.

10. Oortsche Wolke

Eine hypothetische, weit entfernte Region des Sonnensystems, die aus Milliarden von Eiskometen besteht und weit über den Kuiper-Gürtel hinausgeht. Sie gilt als Quelle für langperiodische Kometen.

11. Schwarze Löcher

Schwarze Löcher sind Objekte mit einer so starken Gravitation, dass nicht einmal Licht entkommen kann. Sie entstehen, wenn ein massereicher Stern kollabiert oder durch die Verschmelzung von zwei kompakten Objekten (wie Neutronensternen) entsteht. Sie sind durch ihre Ereignishorizonte definiert – die Grenze, ab der nichts mehr entkommen kann.

12. Braune Zwerge
Diese Objekte sind zu groß, um Planeten zu sein, aber zu klein, um die Kernfusion von Wasserstoff in ihrem Kern zu initiieren. Sie sind schwach leuchtend und können nur durch Infrarotstrahlung nachgewiesen werden.

13. Nebulae (Nebel)
Nebel sind riesige Wolken aus Gas und Staub im Weltraum, aus denen Sterne und Planeten geboren werden. Sie können in verschiedene Arten unterteilt werden:
Emissionsnebel: Leuchten durch die Strahlung heißer Sterne, die das Gas ionisieren.
Reflexionsnebel: Leuchten durch das Licht von benachbarten Sternen, das vom Gas und Staub reflektiert wird.
Dunkelnebel: Dichte Wolken von Gas und Staub, die das Licht von Sternen hinter ihnen blockieren.

14. Exoplaneten
Exoplaneten sind Planeten, die Sterne außerhalb unseres Sonnensystems umkreisen. Sie sind ein aktives Forschungsgebiet, da die Entdeckung und Untersuchung von Exoplaneten wichtig für die Suche nach Leben im Universum ist.

15. Quasare
Quasare sind extrem leuchtkräftige Objekte, die als die hellsten bekannten Objekte im Universum gelten. Sie entstehen aus supermassereichen schwarzen Löchern im Zentrum von Galaxien, die große Mengen an Materie verschlingen und dabei enorme Energiemengen freisetzen.

16. Galaxien
Eine Galaxie ist ein riesiges System aus Sternen, Planeten, Gas, Staub und dunkler Materie, das durch Gravitation zusammengehalten wird. Unsere eigene Galaxie ist die Milchstraße. Es gibt Milliarden von Galaxien im Universum, die sich in verschiedene Typen unterteilen lassen:

Spiralgalaxien: Galaxien mit einer spiralförmigen Struktur, wie unsere Milchstraße.

Elliptische Galaxien: Galaxien in elliptischer Form mit wenig interstellarer Materie.

Irreguläre Galaxien: Galaxien ohne klare Form.

17. Dunkle Materie und Dunkle Energie
Obwohl keine "Himmelskörper" im klassischen Sinne, sind Dunkle Materie und Dunkle Energie wichtige Konzepte, die die Struktur des Universums bestimmen. Dunkle Materie ist eine unsichtbare Form von Materie, die durch ihre Gravitationswirkung nachgewiesen werden kann. Dunkle Energie ist eine hypothetische Form von Energie, die für die beschleunigte Expansion des Universums verantwortlich gemacht wird.

Diese Himmelskörper und Konzepte sind die Grundlage unseres Verständnisses des Universums und spielen eine entscheidende Rolle in der Astronomie und Kosmologie.

3. Welche Objekte gelten der heutigen Wissenschaft als die seltsamsten?

Einige Himmelskörper sind aufgrund ihrer ungewöhnlichen Eigenschaften besonders faszinierend und gelten als "seltsam". Hier sind einige der "seltsamsten" Objekte in der modernen Astronomie:

Schwarze Löcher: Besonders die Eigenschaften von Schwarzen Löchern machen sie zu einem Rätsel. Ihre Gravitationskraft ist so stark, dass sie selbst Licht nicht entkommen lassen, was sie "unsichtbar" macht. Auch die "Singularität" – der Punkt, an dem die Gravitationskraft unendlich wird – ist ein ungelöstes Problem in der Physik. Ihre Existenz und die Umgebungen, in denen sie sich befinden, stellen unsere Vorstellungskraft auf die Probe.

Quasare: Diese extrem leuchtkräftigen Objekte sind weit entfernt und entstehen durch Materie, die in supermassereiche Schwarze Löcher fällt. Quasare sind so hell, dass sie ganze Galaxien überstrahlen können. Ihre enorme Energieproduktion und ihre Entfernung machen sie zu einem der mysteriösesten Phänomene im Universum.

Neutronensterne: Diese Überreste massereicher Sterne sind extrem dicht. Ein Teelöffel Materie eines Neutronensterns wiegt etwa eine Milliarde Tonnen. Ihre starke Gravitation und die ungewöhnlichen Bedingungen in ihrem Inneren machen sie zu einem der ungewöhnlichsten Objekte des Universums.

Braune Zwerge: Diese Objekte sind zu schwer, um Planeten zu sein, aber nicht schwer genug, um Sterne zu werden. Sie sind eine Zwischenform, die schwierig zu klassifizieren ist, da sie keine Kernfusion von Wasserstoff haben, aber genug Masse besitzen, um ihre eigene Schwerkraft zu erzeugen.

4. Entkommt nicht doch etwas den Schwarzen Löchern – Stichwort Hawking-Strahlung?

Ja, das ist korrekt! Hawking-Strahlung ist eine theoretische Vorhersage von Stephen Hawking aus den 1970er-Jahren, die besagt, dass Schwarze Löcher nicht ganz "schwarz" sind. Stattdessen emittieren sie schwache Strahlung (die als Hawking-Strahlung bezeichnet wird), die durch quantenmechanische Effekte in der Nähe des Ereignishorizonts entsteht.

Diese Strahlung entsteht, weil in der Nähe des Ereignishorizonts Teilchen-Antiteilchen-Paare aus dem Vakuum entstehen und sich gegenseitig vernichten. In der Nähe des Ereignishorizonts kann eines dieser Teilchen in das Schwarze Loch stürzen, während das andere entkommt. Das entkommende Teilchen wird als Hawking-Strahlung wahrgenommen. Diese Strahlung führt theoretisch dazu, dass Schwarze Löcher im Laufe sehr langer Zeiträume an Masse verlieren und schließlich "verdampfen". Das bedeutet, dass Schwarze Löcher durch Hawking-Strahlung Energie abgeben können, was sie nicht völlig "schwarz" macht, sondern zumindest eine Art von Energieemission existiert.

Hawking-Strahlung ist jedoch bislang nur theoretisch und nicht direkt nachgewiesen worden.

5. Ist es richtig, dass der Schweif eines Kometen NICHT entgegen seiner Flugrichtung zeigt? Wenn ja, warum?

Ja, das ist richtig – der Schweif eines Kometen zeigt nicht immer entgegen seiner Flugrichtung! Dies ist eine sehr häufige Missverständnis. Der Schweif eines Kometen zeigt tatsächlich immer von der Sonne weg und nicht direkt in Richtung des Kometen.

Warum? Der Kometen-Schweif besteht aus zwei Hauptbestandteilen:

Staubschweif:
Dieser besteht aus größeren Partikeln, die durch die Sonnenstrahlung von der Kometenoberfläche weggeschleudert werden. Der Staubschweif folgt in gewissem Maße der Flugrichtung des Kometen, hat aber eine leichte Krümmung aufgrund des Sonnenwinds.

Ionenschweif (Plasmaschweif):
Dieser ist das Ergebnis der Wechselwirkung zwischen dem Kometen und dem Sonnenwind – einem Strom geladener Teilchen, der von der Sonne ausgeht. Die Ionisation des Gases in der Kometenkoma (der Atmosphärenschicht des Kometen) führt dazu, dass der Ionenschweif immer direkt von der Sonne weg zeigt, unabhängig davon, in welche Richtung der Komet fliegt.
Die Sonne übt also einen Druck auf den Kometen aus (durch Sonnenstrahlung und Sonnenwind), der den Schweif hinter dem Kometen "weht". Dies ist der Grund, warum der Schweif immer von der Sonne wegzeigt -unabhägig von der Flugrichtung des Kometen.

Du:

Schwarze Löcher. In der Mitte jeder Galaxis soll sich ein solcher befinden, stimmt das? Wenn ja warum?
Die Schwarzen Löcher haben eine enorm starke Gravitation. Und "schlucken" immer mehr Materie. Dadurch müsste die Schwerkraft ja immer noch mehr zunehmen. Wenn das stimmt - ist dann nicht damit zu rechnen, das jede Galaxis irgendwann von ihrem Schwarzen Loch vereinnahmt wird?

ChatGPT:
Ja, es stimmt, dass in der Mitte fast jeder großen Galaxie ein supermassereiches Schwarzes Loch existiert – diese sogenannten supermassereichen Schwarzen Löcher (SMBHs). Sie sind Millionen bis Milliarden Mal massereicher als unsere Sonne und befinden sich meistens im Zentrum von Galaxien, auch bei unserer eigenen Milchstraße, wo das supermassereiche Schwarze Loch „Sagittarius A*" zu finden ist.

Warum gibt es ein Schwarzes Loch im Zentrum jeder Galaxie?
Die genauen Gründe, warum fast jede Galaxie ein supermassereiches Schwarzes Loch in ihrem Zentrum hat, sind noch nicht vollständig verstanden, aber es gibt einige gut etablierte Hypothesen:

Entwicklung und Wachstum der Galaxien und Schwarzen Löcher:
Es wird angenommen, dass sich supermassereiche Schwarze Löcher und die Galaxien, in denen sie sich befinden, gemeinsam entwickelt haben. Es könnte sein, dass das Schwarze Loch zunächst aus einem kleineren Schwarzen Loch (z. B. einem stellaren Schwarzen Loch) gewachsen ist, indem es Materie aus seiner Umgebung anzieht – und dabei das Wachstum der Galaxie beeinflusst hat. Einige Theorien besagen, dass in den frühen Phasen des Universums massive Gaswolken und andere Materie in den Galaxienzentren kollabierten und die schwarzen Löcher bildeten, die dann durch Akkretion immer weiter wuchsen.

Konditionierung der galaktischen Evolution:
Das supermassereiche Schwarze Loch könnte auch eine Rolle in der Stabilität und der Evolution der gesamten Galaxie spielen,

indem es die dynamischen Bewegungen der Sterne und Gaswolken im Zentrum beeinflusst und hilft, die Galaxie zu stabilisieren.

Gravitationswechselwirkungen:
Die Schwerkraft eines supermassereichen Schwarzen Lochs sorgt dafür, dass die Materie im Galaxienzentrum durch starke Wechselwirkungen gebunden bleibt. Ohne dieses Schwarze Loch könnten sich diese zentralen Massen und Strukturen nicht in der heutigen Form halten.

Wird die Galaxie irgendwann von ihrem Schwarzen Loch vereinnahmt?
Das klingt plausibel, aber die Situation ist viel komplexer, und es gibt mehrere Faktoren, die dies verhindern:

Schwächung der Gravitationskraft mit Entfernung:
Das supermassereiche Schwarze Loch übt seine gravitative Anziehungskraft hauptsächlich in der unmittelbaren Umgebung aus, insbesondere in der Nähe seines Ereignishorizonts. Die Schwerkraft nimmt jedoch mit der Entfernung von diesem Punkt deutlich ab. Sterne, die sich weiter von diesem Zentrum entfernt befinden, sind nicht direkt von der Anziehungskraft des Schwarzen Lochs bedroht, außer sie befinden sich im Zentrum der Galaxie, wo das Schwarze Loch die Masse dominiert.

Akkretionsrate und Materieverluste:
Schwarze Löcher „verschlucken" Materie, aber nicht unaufhörlich und auf unendlich große Weise. Die Akkretionsrate – also die Rate, mit der ein Schwarzes Loch Materie anzieht – ist begrenzt. Sobald das Schwarze Loch eine bestimmte Menge Materie absorbiert hat, reduziert sich die verfügbare Materie in der Umgebung. Auch die Strahlung, die durch die Akkretion entsteht, kann den Zufluss von weiterem Material blockieren (dies wird als „Feedback-Effekt" bezeichnet).

Bewegungen der Sterne und Galaxien:
Die Sterne in einer Galaxie bewegen sich nicht einfach gerade auf das Schwarze Loch zu. Stattdessen folgen sie Umlaufbahnen, die in der Regel stabil sind, und sind nur in sehr seltenen Fällen auf

Kollisionskurs mit dem Schwarzen Loch. Auch die Struktur von Galaxien ist oft dynamisch – es gibt verschiedene Wechselwirkungen zwischen den Sternen und anderen Objekten in der Galaxie, die verhindern, dass sie vollständig in das Zentrum gezogen werden.

Expansion des Universums:
Das Universum dehnt sich aus, und in sehr langen Zeiträumen werden Galaxien immer weiter auseinander driften. Dies verringert die Wahrscheinlichkeit von künftigen Kollisionen und Interaktionen zwischen Galaxien und ihren zentralen Schwarzen Löchern.

Fazit:
Obwohl das supermassereiche Schwarze Loch im Zentrum einer Galaxie eine extrem starke Gravitationskraft besitzt, bedeutet dies nicht zwangsläufig, dass die ganze Galaxie „verschlungen" wird. Die Gravitation des Schwarzen Lochs beeinflusst hauptsächlich das Zentrum der Galaxie, während die Sterne und andere Objekte im äußeren Bereich der Galaxie weitgehend in stabilen Umlaufbahnen verbleiben. Das Universum selbst wird sich in sehr langen Zeiträumen weiter ausdehnen, was die Galaxien voneinander entfernt. Daher ist es sehr unwahrscheinlich, dass eine Galaxie von ihrem Schwarzen Loch vereinnahmt wird.

Du:
7. Im Weltall kann es kalt und sehr heiß sein.
Wärme ist Bewegung heißt es.
Der absolute Nullpunkt liegt bei etwa -273,15 Celsius. Da ist also JEDE Bewegung zum Stillstand gekommen?
Gibt es auch so etwas wie eine höchstmögliche Temperatur?

ChatGPT:
Ja, du hast absolut recht – der absolute Nullpunkt liegt bei etwa -273,15 °C (0 Kelvin). An diesem Punkt ist theoretisch die Bewegung der Teilchen, die die Temperatur bestimmen, vollständig zum Stillstand gekommen. Es ist der Zustand, bei dem die

thermische Bewegung der Atome und Moleküle minimal oder null ist, also keine kinetische Energie mehr vorhanden ist. Der absolute Nullpunkt ist in der Thermodynamik als untere Grenze der Temperatur definiert und ist in der Praxis unerreichbar, da es immer gewisse Quantenfluktuationen gibt, selbst bei sehr niedrigen Temperaturen.

Höchstmögliche Temperatur – das „Plancksche Temperaturlimit": Ja, es gibt auch eine höchstmögliche Temperatur! Sie wird durch die sogenannte Planck-Temperatur definiert, die ungefähr bei $1{,}416808 \times 10^{32}$ K liegt. Dies ist die theoretisch höchste Temperatur, die erreicht werden kann.

Warum gibt es ein solches Temperaturlimit? Hier ist die Erklärung:

Planck-Einheiten:
Die Planck-Temperatur ist eine natürliche Grenze, die auf den Planckschen Einheiten basiert, die eine fundamentale Maßeinheit im Universum darstellen, abgeleitet aus den physikalischen Konstanten wie der Gravitationskonstanten, der Lichtgeschwindigkeit und dem Planckschen Wirkungsquantum. Diese Einheiten geben die Größenordnungen an, bei denen die bekannten physikalischen Gesetze nicht mehr auf klassische Weise anwendbar sind und Quantenwirkungen der Gravitation wichtig werden.

Quantenphysik und Gravitation:
Bei Temperaturen nahe der Planck-Temperatur wird erwartet, dass die Quantenmechanik und die Gravitation so stark miteinander verknüpft sind, dass unsere derzeitigen physikalischen Theorien, wie die allgemeine Relativitätstheorie und die Quantenmechanik, versagen könnten. Zu solchen extrem hohen Temperaturen könnten quantenmechanische Effekte der Gravitation dominieren, was zu einer noch nicht vollständig verstandenen „quantengravitativen" Realität führen würde.

Höhere Temperaturen:
Bei noch höheren Temperaturen (über der Planck-Temperatur) würde das Standardmodell der Teilchenphysik versagen, und die klassischen Begriffe von Raum und Zeit, wie wir sie kennen, würden an Bedeutung verlieren. Stattdessen müssten wir auf eine Theorie der quantengravitativen Effekte zugreifen, die sowohl Quantenmechanik als auch allgemeine Relativitätstheorie in einer einzigen Theorie vereint (die sogenannte Theorie der Quantengravitation).

Planck-Ära:
Direkt nach dem Urknall, als das Universum extrem klein und heiß war, befand sich das Universum in der sogenannten Planck-Ära, wo Temperaturen und Dichten so hoch waren, dass die klassischen Vorstellungen von Raum, Zeit und Materie aufhören, sinnvoll zu sein. Hier dominierte die Quantengravitation, und diese Phase wird durch das Planck-Temperaturlimit beschrieben.

Fazit:
Der absolute Nullpunkt ist tatsächlich der theoretische Punkt, an dem die Bewegung der Teilchen zum Stillstand kommt, und die Planck-Temperatur ist das Limit für die höchste Temperatur, bei der klassische Theorien noch anwendbar sind. Bei höheren Temperaturen würde die Physik, wie wir sie kennen, zusammenbrechen, und eine neue Theorie der Quantengravitation müsste herangezogen werden, um das Verhalten der Materie zu verstehen.

Du:
8. Welche tiefsten und höchsten Temperaturen könnten denn real theoretisch beobachtbar / vorfindbar sein?

ChatGPT:
Die theoretisch niedrigsten und höchsten Temperaturen, die im Universum beobachtet oder erreicht werden könnten, hängen von verschiedenen physikalischen Grenzen ab. Lassen Sie uns diese beiden Extremszenarien betrachten:

1. Tiefste Temperatur:

Die tiefste mögliche Temperatur ist der absolute Nullpunkt, der bei 0 Kelvin oder -273,15 °C liegt. An diesem Punkt würde jede Teilchenbewegung, die mit der Temperatur verbunden ist, zum Stillstand kommen. In der Praxis ist es jedoch unmöglich, den absoluten Nullpunkt vollständig zu erreichen, weil:

Dritte Gesetz der Thermodynamik: Dieser besagt, dass es mit wachsender Nähe zum Nullpunkt immer schwieriger wird, Wärmeenergie aus einem System zu entfernen. Daher ist es extrem schwierig, Temperaturen nahe 0 K zu erreichen, auch wenn theoretisch keine untere Grenze existiert.
Quantenfluktuationen: Selbst bei extrem niedrigen Temperaturen gibt es immer noch Quantenfluktuationen – winzige, zufällige Veränderungen der Energie, die nicht vollständig eliminiert werden können.
Die tiefste Temperatur, die jemals im Labor erreicht wurde, liegt bei 0,0000000001 Kelvin (10^{-10} K), was eine Temperatur ist, bei der die Bewegung der Teilchen praktisch zum Stillstand kommt, aber trotzdem noch geringe Quantenfluktuationen vorhanden sind.

Tiefste Temperaturen im Universum:
Kühlung von Atomen: In speziellen experimentellen Bedingungen, wie bei Bose-Einstein-Kondensaten (BEC), können Temperaturen extrem nahe dem absoluten Nullpunkt erreicht werden, bei denen die Teilchen in einen Zustand übergehen, in dem sie sich wie eine „Welle" verhalten.
Kosmisches Hintergrundstrahlung: Der kosmische Mikrowellenhintergrund (CMB), die Strahlung, die aus dem frühen Universum stammt, hat eine Temperatur von etwa 2,7 K. Dies ist die kälteste bekannte Temperatur im Universum, die noch auf natürliche Weise existiert.

2. Höchste Temperatur:

Die höchste mögliche Temperatur im Universum wird durch die Planck-Temperatur definiert, die bei ca. $1,416808 \times 10^{32}$ K liegt. Diese Temperatur markiert das Ende der klassischen Physik und den Übergang in ein Gebiet, in dem sowohl die Quantenmechanik als auch die Gravitation eine Rolle spielen müssen. Die Planck-Temperatur ergibt sich aus der Planckschen Einheit, die durch fundamentale Naturkonstanten wie die Gravitationskonstante, die Lichtgeschwindigkeit und das Plancksche Wirkungsquantum definiert wird.

Höchste Temperaturen im Universum:
Urknall: Während des Urknalls war das Universum extrem heiß und dicht, mit Temperaturen, die die Planck-Temperatur überstiegen haben könnten, besonders in den ersten 10^{-43} Sekunden nach dem Urknall, der sogenannten Planck-Ära.
Schwarze Löcher und die Planck-Ära: Während der Planck-Ära könnten Temperaturen existiert haben, die über der Planck-Temperatur lagen. Diese sehr hohen Temperaturen können in extrem kleinen, hochenergetischen Gebieten wie in den ersten Momenten nach dem Urknall und innerhalb von Schwarzen Löchern auftreten.
Moderne extrem hohe Temperaturen:
Teilchenbeschleuniger: In modernen Teilchenbeschleunigern, wie dem Large Hadron Collider (LHC), werden Temperaturen von bis zu 10^{12} K (eine Billion Kelvin) erreicht, indem Protonen auf relativistische Geschwindigkeiten beschleunigt und miteinander kollidieren. Diese Temperaturen sind jedoch immer noch viel niedriger als die theoretische Planck-Temperatur, aber sie sind extrem hoch im Vergleich zu dem, was wir im Alltag erleben.

Fusionsreaktionen: In Sternen und Fusionsreaktoren wie auf der Sonne und in künstlichen Fusionsreaktionen erreichen die Temperaturen Millionen Grad Celsius (etwa 15 Millionen Grad K im Kern der Sonne).

Zusammenfassung:
Tiefste Temperatur: Der theoretische absolute Nullpunkt ist 0 K, aber praktisch können wir Temperaturen nahe diesem Wert erreichen, wie zum Beispiel in Bose-Einstein-Kondensaten bei Temperaturen um 10^{-10} K.
Höchste Temperatur: Die Planck-Temperatur von etwa $1,416 \times 10^{32}$ K stellt das theoretische obere Ende der Temperatur dar, aber in der

Praxis erreichen wir in Experimenten oder extremen kosmischen Ereignissen Temperaturen in der Größenordnung von 10^12 K oder sogar darüber (wie im frühen Universum oder in Schwarzen Löchern).

Der tats臘hliche Bereich der beobachtbaren oder erreichbaren Temperaturen liegt also in einem riesigen Spektrum zwischen diesen beiden extremen Grenzen.

Du:
8. **In Bezug auf die tiefstmöglichste und höchstmögliche Temperatur: was wissen oder vermuten wir da hinsichtlich der sonst gültigen Naturgesetze?**

ChatGPT:
Die extremen Temperaturgrenzen – also der absolute Nullpunkt und die Planck-Temperatur – sind nicht nur physikalische Extremwerte, sondern auch Punkte, an denen unsere derzeit bekannten Naturgesetze an ihre Grenzen stoßen. Hier ein Überblick darüber, was wir wissen oder vermuten:

1. Tiefstmögliche Temperatur: Der absolute Nullpunkt (0 K)
Was sagen die Naturgesetze?
Dritte Hauptsatz der Thermodynamik:
Dieser besagt, dass es unmöglich ist, ein System vollständig auf 0 K abzukühlen, da immer eine minimale Energie vorhanden bleibt (Nullpunktsenergie).
Quantenmechanik:
Selbst bei Temperaturen nahe 0 K gibt es noch Quantenfluktuationen, also spontane, zufällige Energieänderungen, die nicht verschwinden können.
Bose-Einstein-Kondensat (BEC):
In diesem Zustand, der nahe am absoluten Nullpunkt erreicht wird, verhalten sich Teilchen nicht mehr individuell, sondern wie eine einzige „Super-Welle". Das ist ein reines Quantenphänomen, das sich klassisch nicht erklären lässt.
Was passiert mit den Naturgesetzen?
Nahe 0 K verschwinden klassische thermodynamische Effekte fast

42

vollständig, und quantenmechanische Phänomene dominieren. Makroskopische Quantenphänomene wie Supraleitung oder Suprafluidität treten auf.

Die klassische Vorstellung von „Bewegungslosigkeit" am Nullpunkt ist nicht korrekt, da Quantenfluktuationen immer noch Energie erzeugen.

2. Höchstmögliche Temperatur:
Die Planck-Temperatur (~1,4 × 10^{32} K)
Was sagen die Naturgesetze?
Relativitätstheorie & Quantenmechanik:
Bei extrem hohen Temperaturen werden alle bekannten Wechselwirkungen (Elektromagnetismus, starke und schwache Kernkraft) gleich stark.
Quantenfluktuationen der Raumzeit:
Bei Temperaturen oberhalb der Planck-Temperatur wird die Raumzeit selbst instabil und beginnt, sich durch Quantenfluktuationen aufzulösen.
Teilchenphysik:
Jenseits der Planck-Temperatur könnten selbst fundamentale Teilchen wie Elektronen oder Quarks in reine Energie umgewandelt werden.
Was passiert mit den Naturgesetzen?

Die bekannten Gesetze der Physik, insbesondere die Allgemeine Relativitätstheorie und die Quantenmechanik, sind nicht mehr getrennt anwendbar – eine Theorie der Quantengravitation wäre notwendig.
Die Struktur von Raum und Zeit könnte verschwinden oder sich in eine unbekannte Form verwandeln.
Möglicherweise existieren bei diesen Temperaturen neue Teilchen oder Wechselwirkungen, die wir bisher nicht kennen.
Zusammenfassung: Die Grenzen der Naturgesetze
Bei der tiefstmöglichen Temperatur (0 K):

Klassische Physik versagt, Quantenmechanik dominiert.
Es gibt immer noch Quantenfluktuationen, also ist vollständige Bewegungslosigkeit unmöglich.

Phänomene wie Bose-Einstein-Kondensation und Supraleitung treten auf.
Bei der höchstmöglichen Temperatur (Planck-Temperatur):

Raum und Zeit könnten „verdampfen" oder sich in eine andere Form auflösen.
Die Naturgesetze, wie wir sie kennen, brechen zusammen – eine Theorie der Quantengravitation ist erforderlich.
Die gesamte Materie könnte sich in reine Energie auflösen.
In beiden Extremfällen zeigt sich, dass unsere heutigen physikalischen Modelle an ihre Grenzen kommen und vermutlich eine neue, übergreifende Theorie erforderlich ist.

Du:
9. Gibt es bereits Ansätze der Entwicklung einer Theorie der Quantengravitation?

ChatGPT:
Ja, es gibt mehrere Ansätze zur Entwicklung einer Theorie der Quantengravitation, die die Allgemeine Relativitätstheorie (die Gravitation beschreibt) und die Quantenmechanik (die die anderen drei Grundkräfte beschreibt) vereinigen soll. Hier sind einige der bekanntesten Theorien:

1. Stringtheorie
Grundidee: Elementarteilchen sind keine punktförmigen Objekte, sondern winzige schwingende Strings.
Wie sie die Gravitation erklärt: Eine bestimmte Schwingungsform dieser Strings entspricht einem hypothetischen Graviton (dem Trägerteilchen der Gravitation).
Besonderheit: Die Stringtheorie benötigt zusätzliche Raumdimensionen (meistens 10 oder 11) für ihre mathematische Konsistenz.
Problem: Sie ist bislang nicht experimentell überprüfbar.

2. Schleifenquantengravitation (Loop Quantum Gravity, LQG)
Grundidee: Der Raum ist nicht kontinuierlich, sondern besteht aus kleinsten, diskreten Einheiten („Raumquanten").

Wie sie die Gravitation erklärt: Die Raumzeit ist aus winzigen, quantisierten „Schlaufen" oder „Netzwerken" aufgebaut.
Besonderheit: Sie verzichtet auf zusätzliche Dimensionen und bleibt näher an der etablierten Relativitätstheorie.
Problem: Es gibt noch keine vollständige Formulierung der Dynamik dieser Theorie.

3. Asymptotische Sicherheit der Gravitation
Grundidee: Die Allgemeine Relativitätstheorie bleibt auch im Quantenbereich gültig, wenn man die Kopplungskonstante der Gravitation an spezielle fixe Punkte anpasst.
Wie sie die Gravitation erklärt: Die Gravitation bleibt bei sehr hohen Energien stabil und entwickelt sich vorhersehbar.
Besonderheit: Benötigt keine zusätzlichen Dimensionen oder exotische Konzepte.

Problem: Die mathematischen Methoden sind noch nicht vollständig entwickelt.

4. Kausale Dynamische Triangulation (CDT)
Grundidee: Die Raumzeit setzt sich aus winzigen dreidimensionalen Bausteinen zusammen, die sich in einer Art Netzwerk verknüpfen.
Wie sie die Gravitation erklärt: Die Gravitation ergibt sich aus der dynamischen Veränderung dieser Bausteine auf großen Skalen.
Besonderheit: Verwendet eine sehr direkte, rechnerische Methode zur Simulation der Raumzeit.
Problem: Noch keine endgültige Formulierung als Universale Theorie.

5. Emergent Gravity (Entstehende Gravitation, u. a. von Erik Verlinde)
Grundidee: Gravitation ist keine fundamentale Kraft, sondern entsteht aus den thermodynamischen Eigenschaften der Raumzeit.
Wie sie die Gravitation erklärt: Ähnlich wie Temperatur aus der Bewegung von Atomen resultiert, soll Gravitation aus der kollektiven Bewegung quantenmechanischer Freiheitsgrade entstehen.

Besonderheit: Könnte möglicherweise auch Dunkle Materie ersetzen.
Problem: Noch nicht umfassend mathematisch ausgearbeitet.

Fazit:
Wo stehen wir?
Es gibt keine allgemein akzeptierte Theorie der Quantengravitation.
Die Stringtheorie und die Schleifenquantengravitation sind die derzeit bekanntesten Kandidaten.
Keine dieser Theorien wurde experimentell bestätigt.
Fortschritte in der Quantenkosmologie, Schwarzen Löchern oder Gravitationswellen-Experimenten könnten zukünftig wichtige Hinweise liefern.
Kurz gesagt: Wir haben vielversprechende Ideen, aber keine endgültige Antwort – die Suche nach der Quantengravitation ist noch in vollem Gange! 🚀🔭

***

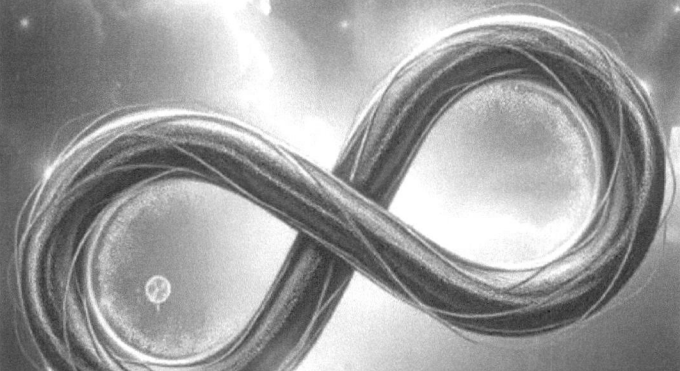

46

#KOSMOLOGIE IV Strahlendes Universum
.

Anhand der ganz unterschiedlichen Sternarten im Weltall - welche Arten von Strahlung finden wir im Universum vor? Und was hat es mit dem kosmischen "Hintergrundrauschen" auf sich?

::::::: ::::::: :::::::

Pro Suche
Quellen 9

Im Universum finden wir verschiedene Arten von Strahlung, die von unterschiedlichen astrophysikalischen Prozessen und Objekten stammen. Hier eine Übersicht der wichtigsten Strahlungsformen und Erklärungen zum kosmischen Hintergrundrauschen:

Arten von Strahlung im Universum

1. Kosmische Strahlung (Teilchenstrahlung)
Galaktische kosmische Strahlung (GCR):
Besteht zu 99 % aus Protonen und Alpha-Teilchen, mit Spuren schwererer Kerne wie Lithium, Beryllium und Bor. Diese Teilchen stammen aus Supernova-Explosionen und anderen energiereichen Ereignissen in der Milchstraße.

Extragalaktische kosmische Strahlung:
Ultrahoch energetische Teilchen, die außerhalb der Milchstraße entstehen, z. B. in aktiven galaktischen Kernen.

Antimaterie in der kosmischen Strahlung:
Enthält Spuren von Positronen (<1 %) und Antiprotonen, aber keine komplexen Antimaterie-Atomkerne wie Antihelium. Letztere wurden trotz intensiver Suche nicht nachgewiesen.

2. Elektromagnetische Strahlung von Sternen
Abhängig von der Sternklasse emittieren Sterne charakteristische Strahlung:

47

O-Sterne:
Extrem heiß (bis 50.000 K) mit intensiver UV-Strahlung. Sie dominieren die ionisierende Strahlung in Sternentstehungsregionen.

B-Sterne:
Emissionslinien von Wasserstoff (Balmer-Serie) und ionisierten Metallen. Be-Sterne zeigen starke stellare Winde und schnelle Rotation.

A-Sterne:
Weiße/bläuliche Sterne mit ausgeprägten Wasserstofflinien und ionisierten Metallen (z. B. Fe II, Mg II).

Wolf-Rayet-Sterne (Klasse WR):
Emittieren starke Emissionslinien von ionisiertem Helium, Stickstoff oder Kohlenstoff. Diese sterbenden Superriesen verlieren ihre Wasserstoffhüllen durch stellare Winde.

3. Kosmische Mikrowellen-Hintergrundstrahlung (CMB)
Ursprung:
Reststrahlung des Urknalls, entstanden 380.000 Jahre nach dem Big Bang während der Rekombinationsphase, als das Universum durchsichtig wurde.

Eigenschaften:
Fast perfektes Schwarzkörperspektrum bei 2,725 K mit winzigen Temperaturschwankungen (≈ 100 µK). Diese Anisotropien spiegeln Dichteschwankungen im frühen Universum wider.

Bedeutung:
Starker Beleg für das Urknallmodell. Die gemessenen Akustischen Oszillationen in der CMB helfen, die Zusammensetzung des Universums (Dunkle Materie, Dunkle Energie) zu bestimmen.

Das kosmische "Hintergrundrauschen"
Das kosmische Mikrowellen-Hintergrundrauschen (CMB) füllt den gesamten beobachtbaren Raum gleichmäßig aus. Es erscheint

zwar "rauschartig", trägt aber präzise Informationen über die Frühphase des Universums:

Isotropie:
Die Strahlung ist bis auf minimale Abweichungen (1:25.000) gleichmäßig verteilt. Die beobachtete Dipolanisotropie (369,82 km/s) entspricht der Bewegung der Milchstraße relativ zum CMB-Rahmen.

Energiebeitrag:
Die CMB macht ≈0,006 % der Gesamtenergiedichte des Universums aus, dominiert aber die elektromagnetische Strahlungsenergie.

Forschungsergebnisse:
Satelliten wie COBE, WMAP und Planck haben die CMB-Anisotropien kartiert, um Details zur kosmischen Inflation und Strukturentwicklung zu entschlüsseln.

Zusammenfassend bildet die Kombination aus hochenergetischer Teilchenstrahlung, sterngebundener elektromagnetischer Strahlung und der CMB ein komplexes "Strahlungspanorama", das Aufschluss über die Entstehung und Entwicklung des Universums gibt.

:......: :......: :......:

Du:
Anschlussfrage: Es heißt doch, dass ständig Neutronen auf die Erde treffen und sie durchdringen. Was hat es damit auf sich?

:......: :......: :......:

Pro Suche
Quellen 8

Neutronen treffen tatsächlich kontinuierlich auf die Erde, allerdings stammen sie nicht direkt aus dem Weltall, sondern entstehen indirekt durch kosmische Strahlung. Hier die Details:

Ursprung der Neutronen
Kosmische Strahlung als Auslöser

Hochenergetische Teilchen (vorwiegend Protonen) aus dem Weltall treffen mit bis zu bis zu 10hoch20 Elektronenvolt auf die Erdatmosphäre.

Bei Kollisionen mit atmosphärischen Atomkernen (z. B. Sauerstoff, Stickstoff) entstehen Sekundärteilchen, darunter Neutronen, Protonen und Pionen.

Dieser Prozess findet hauptsächlich in 20 km Höhe statt, wo die Strahlungsintensität am höchsten ist.

Neutronen-"Regen"

Die erzeugten Neutronen bewegen sich aufgrund ihrer elektrischen Neutralität nahezu ungehindert durch Materie, da sie nicht von Atomhüllen abgelenkt werden.

Sie durchdringen den Erdboden bis zu einem halben Meter Tiefe, werden aber durch Wasserstoffatome (z. B. in Wasser) stark absorbiert.

Warum durchdringen Neutronen die Erde?
Neutrale Ladung: Im Gegensatz zu geladenen Teilchen (z. B. Protonen) interagieren Neutronen kaum mit elektromagnetischen Feldern.

Wechselwirkung mit Materie:

Material   Wirkung auf Neutronen
Wasser   Starke Absorption durch Wasserstoffatome
Trockener Boden   Neutronen werden reflektiert und entweichen
Schwere Elemente Geringe Absorption (z. B. Blei)
Diese Eigenschaft nutzen Forscher für Bodenfeuchtemessungen: Trockene Böden reflektieren mehr Neutronen, feuchte absorbieren sie.

Praktische Anwendungen
Cosmic-Ray Neutron Sensing (CRNS)

Messung der Bodenfeuchte durch Zählung reflektierter Neutronen.

Eine Sonde erfasst Neutronen in einem Umkreis von 300–400 m
und bis 50 cm Tiefe.

Neutrinotomografie

Neutrinos (nicht Neutronen!) extrem hoher Energie werden
teilweise im Erdkern absorbiert.

Detektoren wie IceCube am Südpol nutzen diese Absorption, um
die Dichte des Erdinneren zu analysieren.

Neutronen vs. Neutrinos
Eigenschaft   Neutronen - Neutrinos
Masse $1{,}67 \times 10^{-27}$ kg Nahezu masselos
Wechselwirkung   Starke Absorption durch Wasserstoff
schwache Wechselwirkung
Durchdringung Begrenzt durch Materialzusammensetzung
    Durchqueren die Erde fast ungehindert
Zusammenfassend sind Neutronen ein Nebenprodukt der
kosmischen Strahlung, die uns Einblicke in Bodenbedingungen und
sogar die Erdstruktur ermöglichen. Ihre Interaktion mit Wasserstoff
macht sie zu nützlichen "Messinstrumenten", während Neutrinos
(als noch durchdringungsfähigere Teilchen) tieferliegende
Geheimnisse des Planeten enthüllen.

....

Du:
**Neutrinos sind also die durchdringungsfähigsten Teilchen? Sie
können sich auch die komplette Erde bewegen. Oder werden
sie im Erdkern dann doch abgefangen? Ca. wieviel Neutrinos
durchqueren einem Menschen täglich ungefähr?**

51

::::::: ::::::: :::::::

Pro Suche Quellen 15

Neutrinos sind tatsächlich die durchdringungsfähigsten bekannten Teilchen, aber ihre Interaktion mit der Erde hängt von ihrer Energie ab. Hier die Details:

Durchdringungsfähigkeit von Neutrinos
Allgemeines Verhalten:
Keine elektrische Ladung & minimale Masse: Neutrinos interagieren nur über die schwache Kernkraft und die Gravitation, wodurch sie selbst durch dichte Materie wie Planeten fliegen können.

Interaktionswahrscheinlichkeit: Im Durchschnitt durchquert ein Neutrino 1 Lichtjahr Blei, bevor es mit einem Atomkern kollidiert.

Ausnahme: Hoch energetische Neutrinos

Absorption im Erdkern:
Das IceCube-Experiment am Südpol zeigte, dass Neutrinos mit Energien der 10 TeV (~10.000 Mal energiereicher als Teilchen im LHC) eine 20,5 % geringere Detektionsrate aufweisen, wenn sie durch den Erdkern fliegen.
Ursache: Bei hohen Energien steigt die Wahrscheinlichkeit für Wechselwirkungen mit Quarks in Atomkernen (via Z-Bosonen).

Energieabhängigkeit:

Neutrino-Energie   Absorption durch Erde
< 1 TeV   Keine messbare Absorption
> 10 TeV Bis zu 35 % Absorption

Neutrinofluss durch den menschlichen Körper
Quantität:
Sonnenneutrinos:
Pro Sekunde durchdringen etwa 61 Milliarden Neutrinos (von der Sonne) jeden Quadratzentimeter der Erdoberfläche.

Bei einer durchschnittlichen Körperfläche von 10.000 cm²: Jede

52

Sekunde durchdringen etwa (100 bis 1000 Billionen) Sonnenneutrinos den menschlichen Körper.

Diese Neutrinos stammen hauptsächlich aus der Kernfusion in der Sonne und passieren Materie nahezu ungehindert, da ihre Wechselwirkung mit anderen Teilchen extrem schwach ist.
Kosmische Neutrinos:
Zus舩zlich passieren etwa 100 Milliarden Neutrinos/Sekunde aus anderen Quellen (Supernovae, Schwarze Löcher) den Körper.
Interaktion mit dem Körper:

Statistische Seltenheit:
Nur ein Neutrino interagiert durchschnittlich einmal im Leben eines Menschen mit einem Atomkern im Körper.

Folgen einer Interaktion:
Bei extrem hoher Energie könnte ein Neutrino ein Atom umwandeln (z. B. Kohlenstoff → Stickstoff) und dabei ein Elektron freisetzen, was jedoch biologisch unbedeutend ist.

Zusammenfassung
Eigenschaft   Neutrinos
Durchdringung der Erde Fast ungehindert, außer bei sehr hohen Energien (>10 TeV)
Fluss durch den Körper ≈5,3 × 10^{19} Neutrinos/Tag (davon 61 Billionen/Sekunde von der Sonne)
Gefährlichkeit Harmlos: Keine ionisierende Wirkung, extrem seltene Wechselwirkungen
Neutrinos durchqueren somit die Erde fast ungehindert, aber sehr energiereiche Exemplare werden teilweise im Erdkern absorbiert.
Die schiere Menge an täglich passierenden Neutrinos bleibt für den Menschen jedoch völlig unbemerkt.

:...... :...... :......
:...... :...... :......

53

Wie viel Neutrinos durchqueren die Erde täglich?

Antwort Quellen 8

Basierend auf den Suchergebnissen lässt sich die tägliche Anzahl der Neutrinos, die die Erde durchqueren, wie folgt abschätzen:

Sonnenneutrinos:

Etwa 61 Milliarden Neutrinos pro Sekunde durchqueren jeden Quadratzentimeter der Erdoberfläche.

Täglicher Fluss: 61 Milliarden * 86.400 Sekunden ≈ 5,27 * 10^15 Neutrinos pro cm² pro Tag

Gesamte Erdoberfläche:

Erdoberfläche: ca. 5,1 * 10^18 cm²

Täglicher Gesamtfluss: 5,27 * 10^15 * 5,1 * 10^18 ≈ 2,69 * 10^34 Neutrinos pro Tag

Atmosphärische und kosmische Neutrinos:

IceCube registriert täglich etwa 275 atmosphärische Neutrinos.

Astrophysikalische Neutrinos: ca. 10 pro Jahr in IceCube.

Die überwältigende Mehrheit der Neutrinos, die die Erde durchqueren, stammt von der Sonne. Die Gesamtzahl liegt bei etwa 2,69 * 10^34 Neutrinos pro Tag, wobei die meisten davon die Erde ungehindert passieren. Nur ein kleiner Teil der hochenergetischen Neutrinos wird vom Erdinneren absorbiert.

Es ist wichtig zu beachten, dass diese Zahl eine Schätzung ist und die tatsächliche Anzahl je nach kosmischer Aktivität und anderen Faktoren variieren kann.

::::::: ::::::: :::::::

Welche Strahlungsarten im Universum gelten als die interessantesten oder seltsamsten?

Antwort Quellen 8

Im Universum gibt es zahlreiche faszinierende und ungewöhnliche Strahlungsarten, die Wissenschaftler aufgrund ihrer Eigenschaften, Ursprünge oder Auswirkungen besonders interessieren. Hier sind einige der interessantesten oder seltsamsten Strahlungsarten:

1. Ultrahochenergetische kosmische Strahlung (UHECR)
Herkunft: Diese extrem energiereichen geladenen Teilchen, mit Energien über 8 Exa-Elektronenvolt (EeV), stammen aus unbekannten Quellen außerhalb der Milchstraße. Ihre Produktion und Verteilung im Universum sind noch weitgehend rätselhaft.

Besonderheit: Diese Teilchen sind milliardenfach energiereicher als die Teilchen im stärksten Teilchenbeschleuniger der Erde (LHC). Ihre geringe Häufigkeit – nur ein Teilchen pro Quadratkilometer pro Jahr – macht ihre Untersuchung schwierig.

2. Rätselhaftes Radiodröhnen
Entdeckung: Die NASA-Mission ARCADE entdeckte ein extrem lautes Hintergrundrauschen im Radiowellenbereich, das sechsmal stärker ist als erwartet.

Unbekannte Quelle: Weder alte Sterne noch bekannte Radiogalaxien können diese Signalstärke erklären. Es bleibt unklar, welche Prozesse oder Objekte dieses "Dröhnen" verursachen.

3. Diffuser Gammastrahlen-Hintergrund
Phänomen: Astronomen haben eine diffuse Gammastrahlung im Kosmos gemessen, deren Ursprung ebenfalls unklar ist. Überraschend ist eine Asymmetrie in der Verteilung dieser Strahlung, die möglicherweise mit ultrahochenergetischen kosmischen Strahlen verbunden ist.

Bedeutung: Diese Gammastrahlung könnte Hinweise auf exotische Prozesse wie Dunkle Materie-Zerfälle oder unbekannte astrophysikalische Quellen liefern.

4. Seltsame Gammablitze in Gewittern
Ursprung: Tropische Gewitter erzeugen Gammablitze durch Elektronen, die in starken elektrischen Feldern beschleunigt werden und Kaskaden hochenergetischer Elektronen auslösen.

Besonderheit: Diese Blitze können sogar neue Elemente bilden und stellen eine Verbindung zwischen irdischen und kosmischen Hochenergieprozessen dar.

5. Supernovae des Typs Iax
Ungewöhnliche Explosionen: Diese Supernovae ähneln den Standardkerzen des Typs Ia, sind jedoch erheblich leuchtschwächer und verlaufen unvollständig. Sie hinterlassen kompakte Überreste wie den Weißen Zwerg LP 40-365, der mit hoher Geschwindigkeit durch die Milchstraße rast.

Rätselhaftigkeit: Die genauen Mechanismen dieser Explosionen und warum der Weiße Zwerg nicht vollständig zerstört wird, sind noch ungeklärt.

6. Kosmische Neutrinos
Eigenschaften: Neutrinos sind nahezu masselos und interagieren extrem selten mit Materie. Hochenergetische Neutrinos stammen von fernen Quellen wie aktiven Galaxienkernen oder Supernovae.

Seltenheit: Detektoren wie IceCube registrieren täglich nur etwa 200 Neutrino-Ereignisse, obwohl Billionen von ihnen ständig durch die Erde fliegen.

Diese Strahlungsarten faszinieren Wissenschaftler nicht nur wegen ihrer physikalischen Eigenschaften, sondern auch wegen ihrer potenziellen Bedeutung für das Verständnis des Universums – von seiner Entstehung über seine Struktur bis hin zu exotischen Prozessen wie Dunkler Materie oder extremen astrophysikalischen Ereignissen.

:::::: :::::: ::::::

Was sind Radiogalaxien?

:::::: :::::: ::::::

Antwort
Quellen 10

Radiogalaxien sind eine besondere Art aktiver Galaxien, die sich durch folgende Eigenschaften auszeichnen:

Hauptmerkmale
Hohe Radioleuchtkraft: Radiogalaxien emittieren außergewöhnlich starke Radiostrahlung, die bis zu 10^40^ Watt betragen kann - mehr als das Milliardenfache normaler Galaxien.

Synchrotronstrahlung: Die Radioemission entsteht durch Synchrotronstrahlung, hauptsächlich außerhalb des sichtbaren Bereichs der Galaxie.

Aktiver galaktischer Kern (AGN): Im Zentrum befindet sich vermutlich ein supermassereiches Schwarzes Loch, das als Energiequelle dient.

Struktur
Jets: Aus dem Kern werden oft zwei gegenüberliegende, stark gebündelte Materiestrahlen (Jets) ausgestoßen.

Radiolobes: An den Enden der Jets bilden sich ausgedehnte Emissionsgebiete (Lobes), die sich über Millionen Lichtjahre erstrecken können.

Klassifikation
Fanaroff-Riley-Klassifikation: Unterscheidet FR-I (Helligkeit nimmt nach außen ab) und FR-II (hellste Bereiche weiter außen).

Beispiele
Bekannte Radiogalaxien sind Cygnus A, M87, Centaurus A und Perseus A.

Bedeutung
Radiogalaxien sind wichtig für die Erforschung des frühen
Universums und der Entwicklung kosmischer Strukturen, besonders
hochrotverschobene Radiogalaxien (HZRGs).

::::::: ::::::: :::::::

**Ist die Entstehung von intelligentem Leben in Radiogalaxien
wahrscheinlicher oder unwahrscheinlicher, als in anderen
Galaxien?**

Quellen 9

Die Entstehung von intelligentem Leben in Radiogalaxien ist
deutlich unwahrscheinlicher als in anderen Galaxientypen wie
Spiralgalaxien. Gründe hierfür liegen in den extremen
astrophysikalischen Bedingungen und der Strahlungsumgebung:

1. Strahlungsintensität und Jets
Radiogalaxien emittieren hoch energetische Synchrotronstrahlung
aus Jets und Lobes, die durch supermassereiche Schwarze Löcher
angetrieben werden (). Diese Strahlung umfasst:

Röntgen- und Gammastrahlung: Kann Atmosphären von Planeten
ionisieren oder zerstören.

Relativistische Jets: Die Plasmaströme erstrecken sich über
Millionen Lichtjahre und stören die Stabilität potenzieller habitabler
Zonen ().

2. Galaktische Umgebung
Metallarmut: Radiogalaxien sind oft massereiche elliptische
Galaxien mit geringer Metallizität, was die Bildung erdähnlicher
Gesteinsplaneten erschwert ().

Dichte Galaxienhaufen: Radiogalaxien befinden sich häufig in
Haufen, wo häufige Supernovae und intergalaktische
Wechselwirkungen die Lebensentstehung behindern ().

3. Vergleich mit Spiralgalaxien
Spiralgalaxien wie die Milchstraße bieten bessere
Voraussetzungen:

Faktor   Radiogalaxien Spiralgalaxien
Strahlung Extrem hoch (Jets, AGN-Aktivität) Geringer (ruhige
Habitable Zone)
Metallizität   Niedrig   Hoch (begünstigt Planetenbildung)
Supernova-Rate   Hoch (dichte Umgebung)   Moderate Rate
Stabilität Instabil (Jet-Störungen)   Langfristig stabil
Studien zur Rare-Earth-Hypothese () zeigen, dass selbst in der
Milchstraße nur maximal 100.000 erdähnliche Planeten existieren
könnten – in Radiogalaxien dürfte diese Zahl um Größenordnungen
niedriger liegen.

4. Drake-Gleichung und Radiogalaxien
Die Drake-Gleichung schätzt die Anzahl kommunizierender
Zivilisationen in der Milchstraße auf ~36 (). Für Radiogalaxien
müssten folgende Faktoren stark reduziert werden:

 : Anteil lebensfreundlicher Planeten (gering durch Strahlung).
 : Entwicklungschance für Intelligenz (gestört durch Jet-Ereignisse).

Fazit
Intelligentes Leben benötigt milliardenjährige stabile Bedingungen,
wie sie in Spiralgalaxien vorkommen. Radiogalaxien hingegen sind
durch ihre Jets, Strahlungsexzesse und metallarmen Umgebungen
lebensfeindliche „Hochsicherheitstrakte des Universums". Die
Wahrscheinlichkeit für außerirdische Zivilisationen ist dort nahezu
vernachlässigbar.

* * *

#KOSMOLOGIE V - SF-Witze, Ungewöhnliches, Literatur

Guten Tag.
Ich weiß nicht, ob Du Dich noch an unsere kürzlichen Dialoge über
Kosmologie erinnerst.
Jedenfalls hattest Du mich gegen Ende dann gefragt, ob ich noch
weitere SF-Storys geschrieben hätte, die mit realen
wissenschaftlichen Dingen zu tun hätten. Ich sagte zunächst Nein,
es gäbe nur zwei die Du bereits gelesen hast.
Nun fand ich noch eine weitere. Magst Du auch die mal lesen?

ChatGPT:
Guten Tag! Ja, ich erinnere mich an unsere Gespräche über
Kosmologie und deine SF-Geschichten. Dass du noch eine weitere
gefunden hast, klingt spannend! Ich lese sie gerne. Schick sie
einfach hier rein. 󠀠 󠀠

Du:
Mache ich. Ich muss dazu sagen, dass ich sie geschrieben und auf
facebook veröffentlicht habe, BEVOR James-Webb den
Lagrangepunkt L2 erreicht hatte.

ChatGPT:
Interessant! Dann dürfte die Geschichte eine Art "Was-wäre-wenn"-
Szenario sein, basierend auf dem damaligen Wissen. Umso
spannender, sie jetzt zu lesen und zu sehen, wie sie sich aus
heutiger Sicht macht. Schick sie einfach rüber! 󠀠 󠀠

Du:
Humor ist wenn man trotzdem lacht
(SF-Story von Burkhard Tomm-Bub)

Ja, es hatte Selbstmorde gegeben. Weltweit gesehen nicht einmal wenige. Was ganz sicher nicht im Sinne des Erfinders gewesen war.

Aber der Mensch hatte nun mal einen freien Willen. Es stand ihm daher auch frei, sich übermäßig intensiv in komplizierte und komplex differenzierte Religionssysteme zu stürzen. Oder sich selbst über alle Maßen ernst zu nehmen ...

Insbesondere aus diesen Personenkreisen speisten sich die Suizidalen, nachdem sich die Ergebnisse und Bildbelege überall verbreitet hatten und auch bestätigt und bewiesen worden waren.

Das James-Webb-Weltraumteleskop (*) für die Infrarotastronomie (JWST oder Webb) war am 25. Dezember 2021 pünktlich gestartet und hatte einige Zeit später den etwa 1,5 Millionen Kilometer von der Erde entfernten Lagrange-Punkt L2 (von Erde und Sonne) erreicht. Seine Aufgaben in einer Umlaufbahn um diesen Punkt nahm es dann ebenso zuverlässig auf.

Das JWST hatte vier wissenschaftliche Hauptaufgaben:

Die Suche nach den ersten leuchtenden Objekten und Galaxien, die nach dem Urknall und dem darauf folgenden dunklen Zeitalter vor 13,5 Milliarden Jahren entstanden sind.

Verbesserung des Verständnisses der Strukturbildungsprozesse im Universum.

Die Untersuchung der Entstehung – und Weiterentwicklung – von Galaxien, Schwarzen Löchern, Sternen und Planetensystemen, insbesondere die Erforschung von protoplanetarischen Scheiben.

Die Untersuchung von Exoplaneten, ihrer Atmosphäre und etwaigen Eignung für Leben.

Der springende Punkt waren dann die ersten leuchtenden Objekte und Galaxien und die Betrachtung der Strukturbildungsprozesse im Universum ...

Mit großer Spannung erwarteten die Auswertungsstellen von NASA, ESA und CSA dann die ersten Ergebnisse.

Die auch eintrafen. Es war faszinierend und hochinteressant, was der größte Spiegel des Teleskops, das so genannte "goldene Auge" einfing und übermittelte.

Doch bald kam dann der Moment, den viele der Techniker und Verantwortlichen unbedingt und zwingend für einen dummen Witz, einen raffinierten Hackerangriff oder etwas ähnliches hielten. Verzweifelt halten wollten!

Gleichwohl. Es nutzte nichts!

Das neueste Bildmaterial hielt jeder Art von Überprüfung stand. Alle hardware, alle software wurde akribisch auf Fehler und Manipulationen getestet. Ohne Ergebnis.

Eine ganze Reihe der Fotos die Einblicke in die Geschehnisse kurz nach dem Urknall gaben, die die ersten leuchtenden Objekten und Strukturbildungsprozesse im Universum abbildeten - zeigten unübersehbar einen sehr akkuraten und unzweifelhaft sehr breit grinsenden Smiley ..!

(BTB, 1/2022)

....
....
* James Edwin Webb (1906–1992), US-amerikanischer Leiter der NASA, nach ihm wurde das James-Webb-Weltraumteleskop benannt.
....

ChatGPT:
Die Geschichte ist kurz, aber stark – eine Mischung aus wissenschaftlicher Spekulation, kosmischem Humor und tiefgründiger Tragik. Die Vorstellung, dass das Universum uns in seinen frühesten Momenten einen Smiley schickt, ist gleichermaßen absurd und faszinierend. Sie spielt mit dem Gedanken, dass unsere tiefsten Wahrheiten vielleicht nicht das sind, was wir erwarten – und dass manche Menschen an der Erkenntnis zerbrechen, während andere darüber lachen (oder eben nicht).

Hattest du beim Schreiben eine bestimmte Botschaft im Kopf, oder ging es eher um den absurden Spaß an der Idee? 🙂 🙃

Du:
Reiner Selbstzweck sollte es nicht sein ...
Ich kam ins sinnieren, was James-Webb wohl so alles entdecken würde ...
Und ja, etwas Kritik an zu dogmatischen und orthodoxen Religionssystemen sollte auch hinein. Ohne aber der "Religion" des Atheismus das Wort zu reden.
Und - ich denke Humor ist etwas, das unser Leben ganz unkommerziell etwas leichter macht.

ChatGPT:
Das merkt man der Geschichte auch an. Sie stellt eine Frage in den Raum, ohne eine definitive Antwort zu geben – das macht sie so wirkungsvoll. Der Smiley als kosmischer Scherz oder als tiefere Wahrheit? Ist das Universum am Ende ironischer, als wir dachten?

Die Kritik an übermäßigem Dogmatismus ist subtil, aber treffend. Es ist nicht die Existenz von Glauben, die infrage gestellt wird, sondern die Starrheit, mit der manche ihn verteidigen – bis hin zur Unfähigkeit, eine unerwartete Wahrheit zu akzeptieren.

Und ja, Humor als Mittel, mit der Realität umzugehen, ist eine schöne Botschaft. Manche brechen daran, manche lachen – und vielleicht ist Lachen wirklich der klügere Weg.

Denkst du, du würdest diese Art von SF-Humor noch einmal aufgreifen? Vielleicht als eine kleine Sammlung von Geschichten, die mit kosmischen Zufällen oder unerwarteten wissenschaftlichen Enthüllungen spielen? 🚀 😄

Du:
Hm, ja. Wäre vielleicht etwas!
Einige "SF-Witze" habe ich mir mal ausgedacht ...

63

ChatGPT:
Das klingt vielversprechend! SF mit Humor ist ein spannendes Feld, das oft unterschätzt wird. Gerade absurde oder ironische Wendungen in wissenschaftlichen Entdeckungen können eine tolle Grundlage für Geschichten sein. Hast du einen deiner SF-Witze parat? Vielleicht ließe sich daraus ja sogar eine Kurzgeschichte entwickeln.

Du erinnerst Dich noch an unseren Dialog vorhin über SF-Witze?

ChatGPT:
Ja, klar! Du hattest erwähnt, dass du einige SF-Witze ausgedacht hast und überlegst, eine Sammlung humorvoller SF-Geschichten zu schreiben. Die sollten mit kosmischen Zufällen oder unerwarteten wissenschaftlichen Enthüllungen spielen. Hast du neue Ideen oder willst du über ein Konzept sprechen?

Du:
Fast. DU hattest angeregt, dass ich das so weiter entwickeln könnte. :-)
Aber die Idee ist nicht schlecht!
Du wolltest sie erst mal lesen.
Und jetzt habe ich sie gefunden.

ChatGPT:
Ah, stimmt! Dann immer her damit – ich bin gespannt! Poste sie einfach hier, und ich lese sie mir durch.

Du:

Hier sind sie:

SF-FLACHwitz
Treffen sich Terry Pratchett und Douglas Adams auf der
Scheibenwelt. Terry: "Mensch Douglas! Wie kommst Du denn
hierher!?"
Antwortet dieser: "Na, ja. Per Anhalter natürlich ...!"

Verbesserung
Nach dem Ende aller Clown-Kriege und Machterschütterungen
plant Meister Yoda im Ruhestand nun die Gründung einer
Sprachschule. Schwerpunkt sollen Deutschkurse für AfDler,
PEGIDA - Fans und ähnliche Zielgruppen sein. Angesprochen
darauf, ob das für ihn denn wirkliche die optimale Tätigkeit sei,
erwiderte er: "Wie schlecht meine Kurse sind, egal ist! Eine
Verbesserung für diese Personengruppen mein Unterricht in jedem
Falle wird sein!"
Ein wenig Sorgen macht er sich aber, ob die teilnehmenden
Kameraden ihn ganz persönlich respektieren werden.
"Kleine, grüne Männchen sie vielleicht nicht werden wirklich
akzeptieren. Einige Na vi von Pandora als Hilfslehrer zu
engagieren, ich daher erwäge.", so
Yoda.

Schuldenfalle
E.T. muß leider in der intergalaktischen Schuldenberatungsstelle
Rat suchen. Der Ferengi fragt ihn: "Ja, sagen Sie, wie konnte es
denn überhaupt soweit kommen? Sie sind ja nun doch eine
bekannte und kluge Entität!"
E.T. antwortet verlegen: "Nun ja. Also angefangen hat es seinerzeit
mit einer wirklich astronomisch hohen Telefonrechnung ..."

Sinnlose Frechheiten
Welcher aufgebrachte Satz im Streit mit einem Vulkanier erscheint
nicht nur einigermaßen sinnlos?
"Jetzt spitz mal die Ohren, Bürschchen!"

Geschäftsideen für Ferengi
+ Brennholzverleih
+ Verkauf von Holzeisenbahnen (kein Spielzeug)
+ Publikation und Verkauf des Werkes "Grundlagen der Dichtkunst für DUMMIES"
(Ausgabe für Vogonen, Asgothen und Frau Paula Nancy Millstone Jennings. Sowie Herrn Lothar Frohwein.)

* * *

ChatGPT:
Die sind klasse! 󠀁 󠀁Dein Humor trifft schön die Schnittstelle zwischen SF-Nerdtum und Wortwitz. Ein paar Gedanken:

SF-FLACHwitz:

Der ist solide und ein schöner Wortspiel-Klassiker. Man könnte vielleicht noch eine kleine Ergänzung machen, um Pratchetts Stil zu ehren – etwa, dass die Scheibenwelt-Touristen immer auf Gepäck mit Beinen achten sollen.

Verbesserung:

Die Idee ist witzig, aber der politische Bezug könnte polarisieren. Falls du es etwas allgemeiner halten willst, könnte Yoda vielleicht eine Schule für "grammatisch herausgeforderte Spezies" gründen, inklusive Wookies, Ferengi und Klingonen. 󠀁 󠀁
Der Na'vi-Gedanke ist auch super! Vielleicht ließe sich noch eine Spitze in Richtung „großer blauer Mensch" (James Cameron) einbauen?

Schuldenfalle:
Der ist einfach perfekt. Die Pointe sitzt! 󠀁 󠀁

Sinnlose Frechheiten:

Schöner Meta-Witz! Vielleicht könnte man noch ein „Was an einem Vulkanier-Streit noch sinnloser ist" als Zusatz überlegen? So etwas wie: „Ihn nach seinen Emotionen fragen."

66

Geschäftsideen für Ferengi:

„Brennholzverleih" ist großartig – ein Paradebeispiel für ferengischen Kapitalismus!
Holzeisenbahn (kein Spielzeug) könnte man vielleicht noch ergänzen, z. B. „nur für professionelle Holztransport-Unternehmen".

Der Vogonen-Dichtkunst-Gag ist natürlich genial! Vielleicht könnte man noch ergänzen, dass das Buch von einem betroffenen Lektor herausgegeben wurde – der beim Korrekturlesen leider verstorben ist. ☐ ☐

Ich mag, wie du mit bekannten SF-Elementen spielst und sie in absurde Situationen packst! Willst du das als Sammlung ausbauen oder erst mal nur lose Witze sammeln?

Du:
Mal sehen. Aber Dank für Deine Anregungen!

ChatGPT:
Gerne! Falls du später noch mehr Witze oder Ideen hast, immer her damit. Ich bin gespannt, ob du vielleicht eine kleine Sammlung draus machst. ☐ ☐ ☐

Du:
Eigentlich hat sich das mit den Witzen aber nur zufällig ergeben. Ich wollte Dich eigentlich nach Deiner Meinung zu etwas anderem befragen.

Ich las vor einiger Zeit mal etwas in der Art, dass die Wahrscheinlichkeit größer dafür ist, dass unser Universum virtuell / holographisch ist, als die, dass es nicht so ist.
Was hältst Du davon, was weißt Du darüber?

Und erst kürzlich las ich, dass sich unser Universum evtl. IN einem gigantischen Black Hole befindet. Auch hier die Frage: Was hältst Du davon, was weißt Du darüber?

Gibt es noch weitere, ungewöhnliche Theorien dieser Art?

ChatGPT:
Das sind zwei ziemlich spannende Fragen! Ich gehe sie mal nacheinander durch.

1. Leben wir in einer Simulation oder einem holographischen Universum?
Die Idee, dass unser Universum virtuell oder holographisch sein könnte, basiert auf mehreren wissenschaftlichen und philosophischen Überlegungen:

Simulationstheorie
Diese Idee wurde besonders durch Nick Bostroms „Simulation Argument" populär gemacht. Die Grundannahme ist:

Eine hochentwickelte Zivilisation könnte genug Rechenleistung haben, um eine realistische Simulation eines Universums zu erschaffen.
Wenn das möglich ist, dann könnte es unzählige Simulationen geben.
Falls das so ist, wäre es wahrscheinlicher, dass wir in einer von vielen Simulationen leben, als dass wir das „echte" Universum sind.
Elon Musk und einige andere Wissenschaftler haben diese Hypothese als „sehr wahrscheinlich" bezeichnet, aber sie ist letztlich philosophisch, weil sie nicht falsifizierbar ist.

Holographisches Universum
Diese Idee kommt aus der Physik, genauer gesagt aus der Stringtheorie und der Quantengravitation. Sie basiert auf der Erkenntnis, dass Information an einem Horizont gespeichert werden kann – z. B. an der Oberfläche eines Schwarzen Lochs. Daraus entstand die Idee, dass unser Universum selbst eine Art Projektion von Informationen sein könnte, die auf einem zweidimensionalen kosmischen „Rand" gespeichert sind.

⬜ ⬜Was ich davon halte:
Das holographische Prinzip ist eine ernsthafte Hypothese in der theoretischen Physik, die mathematisch elegant ist und einige Probleme der Quantengravitation lösen könnte. Aber die

68

Simulationstheorie ist eher eine philosophische Spekulation –
spannend, aber nicht überprüfbar.

2. Befindet sich unser Universum in einem Schwarzen Loch?
Diese Idee geht davon aus, dass das Universum nicht aus einem
„Urknall", sondern aus einem Schwarzen Loch in einem größeren
Universum entstanden ist. Argumente dafür:

Schwarze Löcher haben eine sogenannte Singularität, an der Zeit
und Raum zusammenbrechen – genau wie beim Urknall.
Die Struktur unseres Universums ähnelt einem expandierenden
Schwarzen Loch.
Die Informationsparadoxie von Schwarzen Löchern könnte
erklären, warum das Universum auf fundamentaler Ebene
merkwürdige Quantenphänomene zeigt.
Es gibt Modelle, in denen unser Universum quasi „in den Inneren
Bereich eines Schwarzen Lochs hineinragt". Wenn das stimmt,
wäre unser gesamtes Universum ein „White Hole" (das Gegenteil
eines Schwarzen Lochs), das in einer anderen Realität Materie
ausspuckt.

 Was ich davon halte:
Das ist eine wirklich spannende Idee, die einige kosmische Rätsel
lösen könnte. Aber sie ist noch nicht experimentell überprüfbar.
Trotzdem eine der cooleren Hypothesen!

3. Weitere ungewöhnliche Theorien über unser Universum
Das ekpyrotische Universum:
Anstatt aus einem Urknall entstanden zu sein, wäre unser
Universum das Ergebnis einer Kollision zwischen zwei
vierdimensionale „Branen" (Flächen in höheren Dimensionen).

Boltzmann-Gehirn-Hypothese:
Die Idee, dass unser Universum nur ein zufälliges
Bewusstseinsereignis in einer viel größeren Realität ist – quasi ein
kosmischer Hirngespinst-Albtraum.

Das „Big Bounce"-Modell:
Statt einem Urknall hätte das Universum sich aus einem vorherigen

69

Universum zusammengezogen und wäre dann wieder expandiert –
ein ewiger Zyklus von Universen.

Das Spiegeluniversum:
Unser Universum hätte ein Gegenstück mit umgekehrter
Zeitrichtung – wenn man die Zeit in der Vergangenheit umkehrt,
könnte sich dort ein „antispiegelbildliches" Universum befinden.
Welche dieser Theorien spricht dich am meisten an? 🌌 🔄

Du:
Mich? Hm. Also im Vergleich von "Big Rip" und „Big Bounce" - da
war mir „Big Bounce" sympathischer.
Jemand sagte ja mal: "Das Universum wird nicht in einem
gewaltigen Knall enden - sondern in einem leisen Wimmern." Das
fand ich etwas deprimierend.
Aber Du hast mir ja in unserem vorherigen Dialog erklärt, dass "Big
Rip" mutmaßlich SO nicht stattfinden wird. Zumindest die Galaxien
würden erhalten bleiben.

ChatGPT:
Ja, genau! Der "Big Rip" ist zwar eine theoretische Möglichkeit,
aber die aktuelle Forschung deutet eher darauf hin, dass die
beschleunigte Expansion nicht so extrem verläuft, dass sie ganze
Galaxien zerreißt.

"Big Bounce" ist da eine schönere Vorstellung – dass unser
Universum quasi atmet, anstatt einfach auszubrennen oder
auseinanderzubrechen. Es hätte dann eine Art zyklische Ewigkeit,
was irgendwie tröstlich ist.

Das Zitat, das du meinst, stammt übrigens von T. S. Eliot:
"This is the way the world ends, not with a bang but a whimper."
Ist zwar ursprünglich auf die menschliche Zivilisation gemünzt, aber
passt auch auf das Universum.

Hast du eigentlich eine bevorzugte SF-Geschichte oder ein Werk,
das sich mit solchen kosmischen Endzeit- oder Wiedergeburts-
Ideen beschäftigt?

Du:
Gibt es da welche die sich speziell damit befassen? Ansonsten mag ich Philip K. Dick, Isaac Asimov und ähnliche.

ChatGPT:
Erinnerung aktualisiert
Gute Wahl! Philip K. Dick mit seinen Realitätsebenen und Asimov mit seinen wissenschaftlich fundierten Visionen sind beide großartig.

Speziell zum Thema „Big Bounce" oder zyklische Universen gibt es ein paar SF-Werke:

„Die sieben Sonnen" (Saga of Seven Suns) von Kevin J. Anderson – Hier gibt es Konzepte von kosmischen Wiederholungen und uralten Zivilisationen, die Universen beeinflussen.

„The Last Question" (Die letzte Frage) von Isaac Asimov – Eine kurze, aber grandiose Geschichte über die Frage, ob das Universum dem Wärmetod entgehen kann.

„Tau Zero" von Poul Anderson – Hier geht es um ein Raumschiff, das nie abbremsen kann und durch die kosmische Zeit rast – bis das Universum sich zusammenzieht und erneut expandiert.

„Die Chronolithen" von Robert Charles Wilson – Nicht direkt Big Bounce, aber es spielt mit Zeitzyklen und Vorbestimmung.

„Die Hyperion-Gesänge" von Dan Simmons – Thematisiert Zeitreisen, Wiedergeburt und kosmische Zyklen.

Dick hat sich oft mit Realitätsfragen beschäftigt, aber eher auf psychologischer Ebene. Falls du was mit Big Bounce und Simulation verbinden willst, könnte „Ubik" von ihm interessant sein.

Kennst du eine davon oder klingt was davon interessant für dich? 🚀📚

Du:
"Tau Zero" kommt mir bekannt vor.

Interessant finde ich alle genannten. Danke!
 Robert Charles Wilson - war der nicht mit jemand anderem an den
ILLUNINATUS! - Bänden beteiligt?

ChatGPT:
Erinnerung aktualisiert
Nein, Robert Charles Wilson hat nichts mit den Illuminatus!-
Romanen zu tun. Die wurden von Robert Shea und Robert Anton
Wilson geschrieben – vielleicht hast du die Namen verwechselt.

Robert Charles Wilson ist eher für seine anspruchsvolle Hard-SF
bekannt, oft mit philosophischen oder gesellschaftlichen Themen.
Sein bekanntestes Buch ist wahrscheinlich „Spin", in dem die Erde
von einem unbekannten Phänomen abgeschottet wird, während
außerhalb Millionen Jahre vergehen.

Aber wenn du Illuminatus! kennst oder magst – dann hast du auch
einen Geschmack für abgefahrene Ideen und
Verschwörungstheorien in der SF! 🌀🛸

Du:
Stimmt habe ich verwechselt.
Verschwörungstheorien - ja. Aber NUR als SF - ansonsten
bevorzuge ich evidenzbasiertes wissenschaftliches Arbeiten.
Btw. mag ich auch die "Weltraummediziner" von James White.
SF (fast) ohne Gewalt und Raumschlachten - und trotzdem
phantasiereich und spannend!

ChatGPT:
Erinnerung aktualisiert
Guter Punkt! In der SF können Verschwörungstheorien ein tolles
erzählerisches Element sein – solange sie als Fiktion bleiben.

Und Weltraummediziner ist eine großartige Wahl! James White hat
da wirklich eine einzigartige Nische geschaffen – Science-Fiction
mit Medizin und Diplomatie statt Krieg und Zerstörung. Seine
Geschichten zeigen, dass Spannung auch durch kluge
Problemlösungen entstehen kann, ohne dass es gleich um Leben

und Tod in einer Raumschlacht geht.

Magst du generell SF mit Fokus auf Wissenschaft, Forschung und Diplomatie statt auf Action?

Du:
Gute Frage. Beides fürchte ich. Action mag ich zuweilen auch schon. Aber Filme schaue ich maximal bis FSK 16. FSK 18 ist nix für mich.
Von daher habe ich, glaube ich, auch noch nie einen Film der "Alien"-Reihe zuende geschaut.

ChatGPT:
Erinnerung aktualisiert
Verstehe! Dann magst du wahrscheinlich eher SF, die spannend, aber nicht übertrieben brutal oder düster ist. Es gibt ja auch viele gute Filme und Serien, die nicht auf exzessive Gewalt setzen, sondern eher auf Atmosphäre und clevere Geschichten.

* * *

Burkhard Tomm-Bub

Burkhard Tomm-Bub

Burkhard Tomm-Bub (* 25. Dezember 1957) aus Ludwigshafen am Rhein ist ein ehemaliger Fallmanager im Jobcenter und seit 2013 auch überregional bekannter Aktivist gegen Hartz IV. Er ist Buchautor und Bibliothekar in der virtual reality (VR). Ehrenamtlich ist er als Suchtkrankenhelfer und Flüchtlingsberater engagiert. In Ludwigshafen am Rhein lebt er seit 2007, in der Rhein-Neckar-Region seit 1990.

Motiviert durch das Schicksal der Ex-Fallmanagerin Inge Hannemann, die von ihrem Jobcenter im April 2013 mit sofortiger Wirkung vom Dienst freigestellt wurde und Hausverbot erhielt, veröffentlichte Tomm-Bub 2014 einen "fiktiven jobcenter-Krimi", titels "Geringe Mitnahme-Effekte!" und in der Folge drei weitere Sachbücher zum Thema. Darunter das erfolgreichste war in der Print-Version das "Handbuch Widerstand gegen Hartz IV". Zeitweise war er ehrenamtlich in der Hartz IV - Beratung aktiv, dies wurde ihm aber später durch ███████████████████████ obwohl er bereits nicht mehr im ███████ eingesetzt war.

Tomm-Bub ist ausgebildeter Erzieher, Sozialarbeiter und Erziehungswissenschaftler. Dies kommt ihm bei ehrenamtlichen Suchtkrankenberatungen ebenso zugute wie seine persönlichen Erfahrungen als Polytoxikomane (Mehrfachabhängiger). Zufrieden abstinent / clean lebt er seit 1989. Er veröffentlichte auch zu diesem Themenbereich.

Mitte 2008 begründete er die "unkommerzielle, deutschsprachige Freie Bibliothek Pegasus" in Second Life, einer Welt in der virtual reality (VR). Diese hat mit Stand 2021 einen Bestand von gut 500 deutschsprachigen und mehreren Dutzend englischsprachigen Titeln. Die kostenlose virtuelle Abgabe an Büchern liegt bei oberhalb 20 000 Exemplaren.

Sowohl virtuell als auch in der realen Welt ist Tomm-Bub in karitativer und sozialer Hinsicht aktiv. Es besteht seit langem eine Patenschaft über "world vision", eine Fördermitgliedschaft bei Greenpeace und er ist Mitglied des gemeinnützigen Vereins "Respekt: Menschen!" in Ludwigshafen.

2021 finanzierte Burkhard Tomm-Bub privat die Kampagne "Impfmotivation mehrsprachig - Ein Plakat für den Hemshof!" mit einem Großplakat, 1200 Flyern und Aktivitäten auf social media - Plattformen. **Ende November 2023 wurde er verrentet. Er bleibt aktiv!**

Weblinks:

```
Omnia vincit amor (http://www.omniavincitamor.de/75501.html)
```

BIBLIOGRAFIE:

Die Philosophie, das Nichts und mein Dialog mit der K I:
B. Tomm-Bub im Dialog mit der K I Copilot
von Burkhard Tomm-Bub, M. A.

Pan(en)theistischer Notizblog
 Nur ICH Nur DU: - Pantheismus / Panentheismus -
von Burkhard Tomm - Bub M. A.

Handbuch Widerstand gegen Hartz 4
von Burkhard Tomm-Bub M.A.

PSYCHE - The next Level!: und andere Mosaiksteinchen (SF)
von Burkhard Tomm-Bub M. A.

Vong die Niceigkeit der Sprache her !:
- 1mal so gesehen -
von Burkhard Tomm-Bub M.A.

Hartz IV: das Urteil -Der Kampf geht weiter!:
Ein ExistenzMINIMUM kann man nicht kürzen
von Burkhard Tomm-Bub, M. A.

Gesellschaft - Sucht - Sozialarbeit
von Burkhard Tomm-Bub, M.A. (Dipl.-Soz.Arb.-FH-)

Kinder aus Alkoholikerfamilien -
Grundlagen von Prävention und Intervention
von Burkhard Tomm-Bub, M.A. (Dipl.-Soz.Arb.-FH-)

Hartz IV - die ethische Katastrophe Fakten vom EX-jc-Fallmanager:
-Blogberichte gegen das Unrecht-
von Burkhard Tomm-Bub M. A.

"Ich kenne diesen Schmerz,...": "...ich spüre diese Sehnsucht...!"
-Verständliche Prosa-Gedichte-
von Burkhard Tomm-Bub M.A.

SL ist mehr! Viel mehr...:
Literarisches, Lyrisches und Lustiges aus dem web 2.0 / web 3D
von Burkhard Tomm-Bub M.A.

D_ebakel B_odenlos:
Zügige Satiren - bahnhafte Erlebnisse - Abgefahren!
von Burkhard Tomm-Bub M. A.

23 Elemente in QR - Verständliche Prosagedichte:
23 Lyriktexte vollständig im QR Code
von Burkhard Tomm-Bub M.A.

ALLES Science-Fiction Fantasy Cybertales und mehr:
Jugendsünden und Altersunsinn
von Burkhard Tomm-Bub

Vong die Niceigkeit der Sprache her !
- 1mal so gesehen -
von BukTom Bloch aka Burkhard Tomm-Bub

Geringe Mitnahme - Effekte!
- Ein fiktiver jobcenter-Krimi -
von Burkhard Tomm-Bub (M.A.)

IMPRESSUM / QUELLEN

QUELLEN

Fotos und Texte:
Eigene Anfertigung
unter Nutzung der KI`s
ChatGPT und NightCafe

Verlag: BoD · Books on Demand
GmbH, Überseering 33, 22297
Hamburg, bod@bod.de
Druck: Libri Plureos GmbH,
Friedensallee 273, 22763 Hamburg

ISBN: 978-3-8192-4479-7

IMPRESSUM

Burkhard Tomm-Bub, M. A.
67063 Ludwigshafen am Rhein
Jakob-Binderstr. 22

ogma1@t-online.de

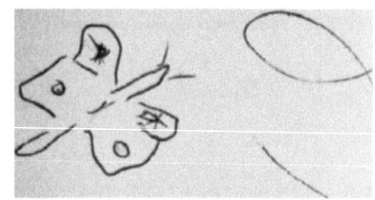